Rで学ぶ
マルチレベルモデル

[入門編]

基本モデルの考え方と分析

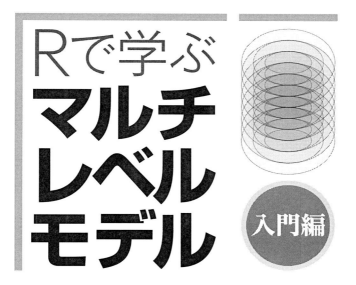

尾崎幸謙・川端一光・山田剛史 [編著]

朝倉書店

■ 編著者

尾崎幸謙　　　筑波大学ビジネスサイエンス系准教授
　　　　　　　(第1章，第2章，第3章，第6章)

川端一光　　　明治学院大学心理学部准教授
　　　　　　　(第4章，第5章)

山田剛史　　　岡山大学大学院教育学研究科教授
　　　　　　　(第10章)

■ 著　者 (五十音順)

稲水伸行　　　東京大学大学院経済学研究科准教授
　　　　　　　(第9章)

小野田亮介　　山梨大学大学院総合研究部准教授
　　　　　　　(第7章)

鈴木雅之　　　横浜国立大学教育学部准教授
　　　　　　　(第7章)

田口淳子　　　筑波大学大学院ビジネス科学研究科
　　　　　　　(第8章)

立本博文　　　筑波大学ビジネスサイエンス系教授
　　　　　　　(第8章)

法島正和　　　筑波大学大学院ビジネス科学研究科
　　　　　　　(第9章)

まえがき

■ ■ ■

　本書の主題である「マルチレベルモデル」とは，階層性を持つデータに対して適切な分析を行うための統計モデルです．従来の統計モデルのほとんどはデータの持つ階層性を分析に生かすことができません．

　編著者らは，これまでに様々な調査研究に携わってきました．たとえば筆者 (尾崎) が関わった調査の中には，慶應義塾大学における双生児の縦断調査，統計数理研究所における社会調査，お茶の水女子大学の縦断調査などがあります．現在では筑波大学ビジネスサイエンス系教員として複数の企業内の従業員にかかわるデータなど，経営データの分析にもかかわっています．

　これらすべては双生児ペア–個人，調査地点–個人，個人–調査時点という階層性を持つためマルチレベルモデルなどで分析すべきデータです．また，これらのデータの持つもう一つの特徴は，大規模な研究費を使った調査研究であるという点です．本書の第 8 章と第 9 章で扱われているデータも，国立研究開発法人 NEDO や企業が行った大規模調査に基づきます．このような調査研究の成果は社会や当該企業に対して適切に還元される必要があります．マルチレベルモデルはこのような意味で社会的に重要な分析手法といえます．一方，マルチレベルモデルは大規模調査のみならず，少人数の調査対象者から得られたデータの分析に使用されることもあります．本書の第 7 章と第 10 章で紹介する研究はその例です．

　しかしながら，マルチレベルモデルに関してある程度の数理的基礎をおさえながら，縦断データやカテゴリカル変数への対応についても解説されている包括的かつ実践的な書籍はわが国にはありません．このような背景をもとに，本書『Rで学ぶマルチレベルモデル［入門編］—基本モデルの考え方と分析—』およびその姉妹書『Rで学ぶマルチレベルモデル［実践編］—Mplus による発展的分析—』(2019 年春刊行予定) が企画されました．

　本書は第 1 章から第 6 章までの理論編と第 7 章から第 10 章までの事例編に分かれています．理論編はマルチレベルモデルに関する数理的説明，事例編はマルチレベルモデルによる分析例の紹介です．事例編は具体例を通した理解を目指すことを狙っています．

第1章では，マルチレベルモデルの分析対象となるデータの性質や，モデルの性質について簡単に触れて，第2章以降への導入としています．

第2章と第3章では，第1章で説明したようなデータに対して，マルチレベルモデルを使用しなかった場合に，どのような誤りが生じてしまうのかを説明しています．その中で，集団平均の信頼性，観測値の独立性，級内相関係数，レベル1の説明変数の中心化という，マルチレベルモデルを理解するのに重要な用語について説明しています．第3章までがマルチレベルモデルを勉強するための導入部分です．理論的な説明に終始しないよう，ところどころに統計ソフトウェアRによる実践も取り入れています．

ここまでの準備を経て，第4章と第5章でようやくマルチレベルモデルが登場します．第4章ではランダム切片モデル，第5章ではランダム傾きモデルが説明されます．特に，第4章のランダム切片モデルについては最も基本的なランダム効果の分散分析モデルのみならず，他にも3つのモデルを説明します．分析者が実際に扱うモデルは，ほとんどの場合第4章あるいは第5章のモデルになりますが，第4章と第5章で登場するすべてのモデルについて，統計ソフトウェアRによる実践例が説明されています．

第6章は説明変数の中心化の中でも特にレベル1の説明変数の中心化について説明されています．レベル1の説明変数の中心化については第5章までにも度々登場しますが，重要な概念なので，1つの章として独立させています．

第7章から第10章までの事例編は，第6章までで勉強する内容を使った心理学と経営学のデータ分析事例の紹介になっています．上記であげた，少人数の対象者から得られたデータ，NEDOや企業のデータを例として挙げます．

本書は大学院生以上の研究者や，企業等のデータサイエンティストを想定して書かれています．統計学の初級コース (検定や重回帰分析) に関する基礎事項について学習済みであることを前提にしていますが，マルチレベルモデルに関する予備知識は一切必要ありません．

姉妹書『Rで学ぶマルチレベルモデル［実践編］—Mplusによる発展的分析—』では，マルチレベルデータに対する一般化線形モデル，縦断データ分析，構造方程式モデリングによる分析，構造方程式モデリングのソフトウェアMplusによる分析，パラメータ推定など，入門編で書ききれなかった内容について説明されています．

本書のうち，理論編の内容については，朝倉書店ウェブサイト (http://www.

asakura.co.jp) の本書サポートページから入手できる分析データおよび R のコードによって再現できます．追計算しながら読み進めると効果的です．また，理論編全般にわたって以下の文献を参考にしています．

- Goldstein, H. (2010). *Multilevel Statistical Models* (4th ed.). Wiley.
- Raudenbush, S. W. & Bryk, A. S. (2001). *Hierarchical Linear Models: Applications and Data Analysis Methods* (2nd ed.). (Advanced Quantitative Techniques in the Social Sciences Series). SAGE Publications.
- Snijders, T. A. B. & Bosker, R. J. (2011). *Multilevel Analysis: An Introduction to Basic and Advanced Multilevel Modeling* (2nd ed.). SAGE Publications, Inc.

本書が，マルチレベルモデルについて理解を深めたいと願う読者のためになれば幸いです．

2018 年 8 月

尾 崎 幸 謙
川 端 一 光
山 田 剛 史

目　　次

■　■　■

第 I 部　理論編　　　　　　　　　　　　　　　　　　　　　1

1.　複数のレベルを持つデータ・モデル ･････････････････････ [尾崎幸謙]　2
　1.1　複数のレベルを持つデータ ･･････････････････････････････････　2
　1.2　複数のレベルを持つモデル ･･････････････････････････････････　10
　1.3　本章のまとめ ･･･　12
　付録 1　固定因子と変量因子 ･････････････････････････････････････　12

2.　マルチレベルモデルへの準備　その 1 ―従来の方法に基づく分析の欠点―
　･･･ [尾崎幸謙]　14
　2.1　従来の方法の欠点 ･･･　14
　2.2　レベル 1 の変数間の関係 ･･･････････････････････････････････　15
　　2.2.1　単回帰モデルの実行 ･･････････････････････････････････････　16
　　2.2.2　2 段抽出法と単純無作為抽出法 ･････････････････････････････　18
　　2.2.3　学校内の児童間分散の推定 ･･･････････････････････････････　19
　2.3　集団平均の分散―集団平均の信頼性― ･･･････････････････････　20
　　2.3.1　標本平均の分散 ･･　21
　　2.3.2　テスト理論と信頼性 ･･････････････････････････････････････　21
　　2.3.3　集団平均の信頼性 ･･･　22
　2.4　レベル 2 の変数間の関係 ･･･････････････････････････････････　23
　2.5　レベル 1 の変数間の関係に，レベル 2 の変数が与える影響 (交互作用)　23
　2.6　レベル 1 の変数とレベル 2 の変数の関係 ･･･････････････････････　25
　2.7　変数の持つ意味 ･･･　26
　2.8　本章のまとめ ･･･　28

3. マルチレベルモデルへの準備 その2 ―観測値の独立性―

.... [尾崎幸謙] 29

3.1 観測値の独立性と級内相関係数 30

   3.1.1 Rによる級内相関係数の求め方 32

3.2 デザイン効果 34

   3.2.1 デザイン効果の具体例 35

3.3 レベル1の説明変数の中心化 36

   3.3.1 集団平均中心化の方法 37

   3.3.2 全体平均中心化の方法 39

   3.3.3 中心化後の説明変数の性質 40

3.4 3種類の回帰直線の傾きの関係 41

   3.4.1 β_w と β_b と β_t 42

   3.4.2 β_t と β_w と β_g の関係 43

3.5 本章のまとめ 43

付録1 観測値の独立性に関して 44

付録2 級内相関係数の信頼区間 46

付録3 級内相関係数の値の影響 48

付録4 (3.18) 式の証明 51

4. ランダム切片モデル .... [川端一光] 54

4.1 ランダム切片モデルの種類 55

4.2 ランダム効果の分散分析モデル (ANOVA モデル) 56

   4.2.1 モデルの表現 57

   4.2.2 級内相関係数の推定 58

   4.2.3 適 用 例 59

4.3 ランダム効果を伴う共分散分析モデル (RANCOVA) 62

   4.3.1 ANCOVA モデルの表現 63

   4.3.2 ANCOVA モデルと調整済み平均 65

   4.3.3 RANCOVA モデルの表現 66

   4.3.4 レベル1の分散説明率 67

   4.3.5 集団レベル効果と個人レベル効果 68

   4.3.6 適用例―全体平均中心化の場合― 69

目　　　次　　　　　　　　vii

　　4.3.7　適用例—集団平均中心化の場合— ･････････････････････ 71
　4.4　平均に関する回帰モデル ････････････････････････････････････ 73
　　4.4.1　モデルの表現 ･･ 73
　　4.4.2　レベル 2 の分散説明率 ･･････････････････････････････････ 74
　　4.4.3　適　用　例 ･･ 74
　4.5　集団・個人レベル効果推定モデル ････････････････････････････ 75
　　4.5.1　モデルの表現 ･･ 76
　　4.5.2　適　用　例 ･･ 76
　4.6　本章のまとめ ･･ 77

5.　ランダム傾きモデル ･･････････････････････････････[川端一光] 80
　5.1　ランダム傾きモデルの種類 ･･･････････････････････････････････ 81
　5.2　ランダム切片・傾きモデル ･･･････････････････････････････････ 82
　　5.2.1　モデルの表現 ･･ 83
　　5.2.2　不均一分散性と級内相関係数 ････････････････････････････ 84
　　5.2.3　ランダム切片・傾きモデルの適用例 ･･････････････････････ 87
　5.3　切片・傾きに関する回帰モデル ･･･････････････････････････････ 91
　　5.3.1　モデルの表現 ･･ 92
　　5.3.2　適 用 例 1 ･･･ 93
　　5.3.3　適 用 例 2 ･･･ 96
　5.4　モデル比較 ･･ 98
　　5.4.1　モデルのネスト関係 ････････････････････････････････････ 98
　　5.4.2　尤度比検定 ･･ 99
　　5.4.3　AIC と BIC ･･･ 100
　　5.4.4　適　用　例 ･･･ 102
　5.5　その他の指標を利用したモデル比較 ･･･････････････････････････ 104
　　5.5.1　条件つき級内相関係数と分散説明率 ･････････････････････ 104
　　5.5.2　ランダム効果の分析 ･･･････････････････････････････････ 104
　5.6　本章のまとめ ･･･ 105
　付録 1　関数 lmer の記法 ･････････････････････････････････････ 106

6. 説明変数の中心化··[尾崎幸謙] 109

6.1 データの説明と 3.3 節の復習 ·····································109

  6.1.1 集団平均中心化の復習 ··110

  6.1.2 全体平均中心化の復習 ··112

6.2 集団平均中心化の性質 ··113

  6.2.1 集団レベルの変数との相関·····································113

  6.2.2 集団平均中心化後の変数の持つ意味 ·························114

  6.2.3 切片とその分散の持つ意味—集団平均中心化の場合— ·········115

  6.2.4 傾きとその分散の持つ意味—集団平均中心化の場合— ·········116

6.3 全体平均中心化の性質 ··116

  6.3.1 集団レベルの変数との相関·····································116

  6.3.2 切片とその分散の持つ意味—全体平均中心化の場合— ·········117

  6.3.3 傾きとその分散の持つ意味—全体平均中心化の場合— ·········118

6.4 レベル 2 の説明変数の中心化·····································118

6.5 集団平均中心化と全体平均中心化の使い分け·····················119

  6.5.1 レベル 1 の説明変数の目的変数に対する影響 (個人レベル効果)
に関心があるとき ··120

  6.5.2 レベル 2 の説明変数の目的変数に対する影響に関心があるとき
···120

  6.5.3 レベル 1 の説明変数の影響とレベル 2 の集団平均の影響を比較
したいとき ···123

  6.5.4 クロスレベル交互作用効果に関心があるとき ·················125

6.6 説明変数が 2 値の場合 ··125

  6.6.1 説明変数が 2 値の場合の集団平均中心化······················126

  6.6.2 説明変数が 2 値の場合の全体平均中心化······················127

6.7 本章のまとめ ··127

付録 1 RAW，CGM，CWC の場合における推定量の関係 ············128

付録 2 集団平均中心化後の変数と集団レベルの変数との相関に関する
証明 ··134

第II部 事例編 135

7. アーギュメント構造が説得力評価に与える影響
・・・・・・・・・・・・・・・・・・・・・・・・・・・・・・・・・・・・・・[鈴木雅之, 小野田亮介] 136
7.1 研究の背景・・・136
7.2 扱うデータについて ・・138
　7.2.1 実験参加者 ・・・138
　7.2.2 ターゲット文章 ・・・・・・・・・・・・・・・・・・・・・・・・・・・・・・・・・・・・・・・138
　7.2.3 扱うデータ ・・139
7.3 マルチレベルモデルを使用する意義 ・・・・・・・・・・・・・・・・・・・・・・・・・140
7.4 使用したモデル ・・・142
7.5 結果と解釈・・・143
　7.5.1 ランダム効果の分散分析モデル (ANOVA モデル)・・・・・・・・・・・143
　7.5.2 ランダム効果の共分散分析モデル, ランダム切片・傾きモデ
　　　　ル ・・・145
　7.5.3 結果の解釈 ・・・146

8. チーム開発プロジェクトがメンバー企業の事業化達成度に与える影響
・・[立本博文, 田口淳子] 149
8.1 研究の背景・・・149
8.2 扱うデータについて ・・・・・・・・・・・・・・・・・・・・・・・・・・・・・・・・・・・・・・・151
8.3 マルチレベルモデルを使用する意義 ・・・・・・・・・・・・・・・・・・・・・・・・・153
8.4 使用したモデル ・・・155
8.5 結果と解釈・・・164

9. 組織文化のマルチレベル分析 ・・・・・・・・・・・・・・・・・・[法島正和, 稲水伸行] 166
9.1 研究の背景・・・166
9.2 扱うデータについて ・・・・・・・・・・・・・・・・・・・・・・・・・・・・・・・・・・・・・・・167
9.3 マルチレベルモデルを使用する意義 ・・・・・・・・・・・・・・・・・・・・・・・・・169
9.4 使用したモデルと説明変数の中心化 ・・・・・・・・・・・・・・・・・・・・・・・・・170
9.5 結果と解釈・・・172

10. シングルケースデザインデータのためのマルチレベル分析
....[山田剛史] 175

10.1　シングルケースデザインとは・・・・・・・・・・・・・・・・・・・・・・・・・・・・・・・・・・・・175

10.2　シングルケースデザインデータの分析方法・・・・・・・・・・・・・・・・・・・・・・177

10.2.1　シングルケースデザインデータの特徴・・・・・・・・・・・・・・・・・・・・・177

10.2.2　シングルケースデザインデータへの統計的方法の適用・・・・・・・・178

10.2.3　シングルケース研究のメタ分析・・・・・・・・・・・・・・・・・・・・・・・・・・・179

10.3　シングルケースデザインデータへのマルチレベルモデルの適用・・・・179

10.3.1　シングルケースデザインデータの階層構造・・・・・・・・・・・・・・・・・・179

10.3.2　シングルケースデザインデータのマルチレベル分析の基礎・・・・181

10.3.3　シングルケースデザインデータのマルチレベル分析の適用例・・184

10.3.4　シングルケースデザインデータのマルチレベル分析について
の課題 ・・190

索　　引・・・193

I
理論編

1

複数のレベルを持つデータ・モデル

　本章では，まず「複数のレベルを持つデータ」と「複数のレベルを持つモデル」とは何かを具体例を挙げながら説明します．その中で，「マルチレベルモデルで分かること」についてもイメージを持ってもらえればと思います．章末には補足的な説明のための付録があります．付録の部分は飛ばして次章に進むこともできます．これは第 2 章以降についても同様です．

1.1　複数のレベルを持つデータ

　マルチレベルモデルで分析対象となる「複数のレベルを持つデータ」とは何でしょうか．以下に研究目的とともに 5 つの例を挙げました．

例 1：学校データ

　小学校 4 年生になると算数の授業についていけなくなる子どもが増えるといわれています．これは，算数の教科内容が抽象的になるために起きると考えられています．いわゆる 10 歳の壁です．

　さて，ここからは架空の話です．10 歳の壁を克服するためにある県の教育委員会が次のような政策を実施し，その効果を調べようと試みたとします．その政策とは，その県の教育委員会が県内から無作為に選ばれた 50 の小学校に対して，ICT を用いた新しい双方向教育を 4 年生の算数の授業で行うよう要請し[*1]，各学校では算数の補習授業を実施しその中で ICT を用いることにしたというものです．

　教育委員会では，各小学校における教育上の工夫の効果を定量的に把握するた

[*1]　後述する 2 段抽出法でデータを収集したということです．

1.1 複数のレベルを持つデータ

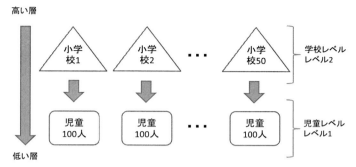

図 1.1 学校と児童の関係

めに，各小学校から無作為に選ばれた 100 人の児童について，それらの教育を行う前後で算数のテストを行い，その成績を収集しました．さらに教育委員会は，教育後の成績について学校間の違いを調べるとともに，その違いは学校ごとの補習時間の長さに原因があるのではないかと考えました．また，補習時間の長さによって教育前の成績が教育後の成績に及ぼす影響に違いがあるのかどうかについても調べたいと考えました．つまり，補習時間が長ければ，教育前の成績にかかわらず教育後の成績は良い数値になるのかということを調べたいということです．小学校と児童の関係を図 1.1 に示しました．

　上記の例の特徴は，変数のレベルが 2 つあるということです．レベルとは階層性を構成するそれぞれの層であり，低い層から順番にレベル 1，レベル 2 と数値が付与されます．図 1.1 には△ (学校) のレベルと□ (児童) のレベルで 2 つのレベルがあります．それにあわせて，変数にも児童レベルのものと，学校レベルのものがあります．児童ごとに異なる値を持つのが児童レベルの変数，学校ごとに異なる値を持つのが学校レベルの変数です．マルチレベルモデルとは，その名の通りこのような複数のレベルを持つデータに対する統計モデルです．複数のレベルを持つデータを分析するために，データのみならず統計モデルも複数のレベルを持っています．

　先に挙げた研究課題をまとめて示したものが図 1.2 (の A と B) です．四角で囲まれたものは変数を表しています．図 1.2 の A は補習時間からポストテスト (今後教育後に行ったテストをこのように呼びます) の学校平均に矢印が向かっており，教育後の学校間のテスト成績の違いに与える学校ごとの補習時間の長さの影響を調べることを意味します．ポストテストの学校平均は，ポストテスト成績

(教育後の成績) について学校ごとに平均を求めた値です[*2]．この矢印は，補習時間を説明変数，ポストテストの学校平均を目的変数とした回帰分析を意味しています．加えてポストテストの学校平均に対しては，プレテスト (今後教育前に行ったテストのことをこのように呼びます) の学校平均からも矢印が向かっています．したがって，補習時間の影響は，プレテストの学校平均の影響を統制したものになります．

一方，図 1.2 の B は，補習時間の長さによってプレテスト成績 (教育前のテスト得点) がポストテスト成績に与える影響に違いがあるか，という研究課題を指しています．これは交互作用効果です．補習時間が長いほどプレテストの成績がポストテストの成績に与える影響が小さいという結果であれば，補習時間が長ければ ICT を用いた教育方法の効果は教育前の成績に左右されにくいといえます．

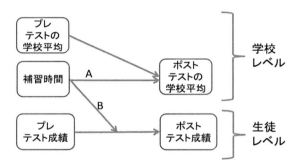

図 1.2　学校–児童の 2 つのレベルのデータに対する分析

この学校データの例では，プレテスト成績とポストテスト成績は児童レベルの変数，プレテストの学校平均とポストテストの学校平均と補習時間は学校レベルの変数です．先にも述べましたが，児童レベルの変数とは，この変数が児童ごとに得られたことを指します．逆に，学校レベルの変数とは，この変数が学校ごとに得られたことを指します．学校レベルの標本サイズは 50，児童レベルの標本サイズは $100 \times 50 = 5000$ です．

この例における架空のデータを表 1.1 に示しました．データの各行は児童を表しています．表中の 1 列目「児童 (studentID)」は児童番号，2 列目「学内 (s-sID)」

[*2] 第 2 章で述べるように，このようにして求めた平均を扱う場合は，その信頼性が問題となります．しかしながら，本章では簡単のためにそのことには触れずに話を進めます．

1.1 複数のレベルを持つデータ 5

表 1.1 マルチレベルモデルの架空データ

児童レベル (添え字 ij)				学校レベル (添え字 j)			
児童	学内	プレ	ポスト	学校	プレ平均	ポスト平均	補習
studentID	s-sID	pre1	post1	schoolID	pre2.m	post2.m	time2
1	1	47	150	1	52.49	126.39	5.21
2	2	53	114	1	52.49	126.39	5.21
3	3	46	106	1	52.49	126.39	5.21
⋮	⋮	⋮	⋮	⋮	⋮	⋮	
100	100	48	120	1	52.49	126.39	5.21
101	1	36	96	2	41.81	108.66	5.48
102	2	43	105	2	41.81	108.66	5.48
⋮	⋮	⋮	⋮	⋮	⋮	⋮	
5000	100	59	139	50	45.49	126.48	4.84

は学校内の児童番号，そして，5 列目「学校 (schoolID)」は各児童が所属する学校の番号です．学校ごとの標本サイズは 100 なので，「学内」は各学校内で 1 から 100 の間の値をとります．なお，アルファベットはデータファイル上の変数名です．

変数のうち，3 列目と 4 列目のプレ (プレテスト成績，pre1) とポスト (ポストテスト成績，post1) は各児童から得られるものなので，児童ごとに値が異なります．したがって，これは児童レベルの変数です．そして児童レベルがレベル 1 に相当します．この場合，アルファベットの変数名にはレベル 1 を意味する 1 が付与されています．また，児童を表す添え字を ij としておきます．ij になる理由についてはすぐに述べます．一方，6 列目から 8 列目のプレ平均 (プレテストの学校平均，pre2.m) とポスト平均 (ポストテストの学校平均，post2.m) と補習 (time2) は学校ごとに値が異なります．したがって，これは学校レベルの変数です．学校レベルがレベル 2 に相当するので，アルファベットの変数名にはレベル 2 を意味する 2 が付与されています．また，学校を表す添え字を j としておきます．児童を表す添え字が ij になるのは，マルチレベルモデルでは「j に所属する i」という形でデータを表すからです．つまりここでは「学校 j に所属する児童 i」ということになります．i には通しの児童番号ではなく，学校内の児童番号を使います．たとえば学校 2 の児童 5 であれば，$i, j = 5, 2$ となります．

例 2：企業データ

続けて例を挙げます．ある企業では，事業所長のリーダーシップが高いほどその事業所の従業員の職務満足度も平均的に高いか (図 1.3 の A)，そして従業員の給与と職務満足度の関係に影響するか (図 1.3 の B) に関心があったとします．この企業は 40 の事業所を無作為に選び，それぞれの事業所から 20 人の従業員を無作為に選びました．そして，各従業員から給与と職務満足度の 2 変数をデータとして得ました．加えて，事業所長一人一人に対してリーダーシップ得点を測定しました．

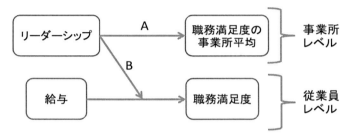

図 1.3 事業所–従業員の 2 レベルデータに対する分析

このとき，給与と職務満足度は従業員レベルの変数，リーダーシップ得点と職務満足度の事業所平均は事業所 (あるいは事業所長) レベルの変数です．したがって，このデータは事業所–従業員という 2 つのレベルを持っています．事業所レベルの標本サイズは 40，従業員レベルの標本サイズは $20 \times 40 = 800$ です．マルチレベルモデルの適用例として例 1 のような学校–児童の事例がよく紹介されますが，本例のように階層性を持つ別の内容のデータに対してももちろん適用できます．

例 3：夫婦データ (ペアデータ)

ある研究者が，夫婦の年齢差と生活満足度の関係 (図 1.4 の A) に関心を持ったとします．また，生活満足度のバラつき (分散) は夫婦間と夫婦内のどちらが大きいのか (図 1.4 の B) についても関心があるとします．ここでいう夫婦間のバラつきは，ある夫婦はとても満足しており，別の夫婦はあまり満足していないなど，夫婦ごとに生活満足度がどれだけ異なるかを表します．一方，夫婦内のバラつきは，夫は満足しているけれども妻は満足していないなど，同じ夫婦内での生活満足度の違いを表します．

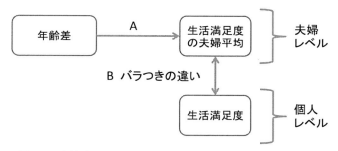

図 1.4　夫婦–個人の 2 レベルデータに対する分析 (ペアデータ)

　その研究者は，夫婦 300 ペアを無作為に選び，夫婦それぞれから生活満足度の変数をデータとして得ました．加えて，各夫婦の年齢差をデータとして得ました．このとき，生活満足度は個人レベルの変数，年齢差と生活満足度の夫婦平均は夫婦レベルの変数です．したがって，このデータは夫婦–個人という 2 つのレベルを持っています．夫婦レベルの標本サイズは 300，個人レベルの標本サイズは $300 \times 2 = 600$ です．マルチレベルモデルは，このようなペアデータ (対応のある 2 者データ) に適用することもできます．ペアデータの他の例としては，恋人データ，双生児データ，きょうだいデータなどがあります．

例 4：体重の発達データ (縦断データ)

　生まれたての赤ちゃんにとって，経時的な体重増加は健康的に発育していることの目安になります．図 1.5 の A は (体重の) 測定時点から体重への影響なので，体重増加の程度を表しています．しかし，赤ちゃんの出生体重および体重増加には個人差があります．そこである疫学者は，その個人差に対して母親の過去の喫煙習慣が影響しているのかどうか (図 1.5 の B) を調べることにしました．その疫

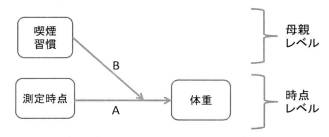

図 1.5　母親–時点の 2 レベルデータに対する分析 (縦断データ)

学者は 200 人の赤ちゃんから，出生時，出生から 1 カ月後，2 カ月後，3 カ月後の 4 時点で体重のデータを収集しました．

このとき，赤ちゃんの体重は時点レベルの変数，測定時点も時点レベルの変数[*3]，母親の過去の喫煙習慣は母親 (あるいは赤ちゃん) レベルの変数です．したがって，このデータは母親–時点という 2 つのレベルを持っています．母親レベルの標本サイズは 200，時点レベルの標本サイズは $4 \times 200 = 800$ です．マルチレベルモデルは，このような縦断データに適用することもできます[*4]．

例 5：病院データ (3 つのレベルの縦断データ)

ある医者が，がん患者の QOL (quality of life, 生活の質) の変化は患者の性別によって異なるのか (図 1.6 の A)，そして性別による違いは入院中の病院の患者/医者比によってどのように異なるのか (図 1.6 の B) を調べようとしたとします．このとき，たとえば後者からは，患者/医者比が低いほど，つまり患者数に比べて医者の数が多いほど，性別による変化の違いは少なくなるという知見が得られるかもしれません．

そこで，この医者はある地域の病院から 30 施設を無作為に選び，各病院から 20 人のがん患者を無作為に標本として選びました．そして，各がん患者から入院時，1 カ月後，2 カ月後の 3 時点で QOL データを得ました．各患者の性別もデータとして収集しました．加えて，各病院の患者/医者比もデータとして得ました．

このとき，QOL は時点レベルのデータ，性別は患者レベルのデータ，患者/医者比は病院レベルのデータです．したがって，このデータは病院–患者–時点とい

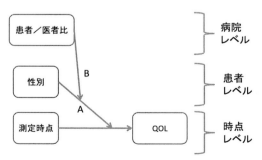

図 1.6　病院–患者–時点の 3 レベルデータに対する分析 (縦断データ)

[*3]　縦断データの分析では測定時点自体を変数として用います．
[*4]　縦断データの分析については姉妹書『実践編』(まえがき参照) 第 2 章と第 3 章で説明します．

1.1 複数のレベルを持つデータ　　　　　　　　9

う3つのレベルを持っています．病院レベルの標本サイズは30，患者レベルの標本サイズは $20 \times 30 = 600$，時点レベルの標本サイズは $3 \times 20 \times 30 = 1800$ です．

この例における架空のデータを表1.2に示しました．各行は各時点における患者を表しています．表中の1列目の「時点」は入院時 (0)，1カ月時 (1)，2カ月時 (2) のいずれであるかを表しています．3列目の「患者」は同じ病院内での患者番号です．そして5列目の「病院」は病院番号です．

表 1.2　マルチレベルモデルの架空データ

時点レベル		患者レベル		病院レベル	
時点	QOL	患者	性別	病院	患者/医者比
0	5.6	1	男	1	21.1
1	6.3	1	男	1	21.1
2	7.8	1	男	1	21.1
0	7.0	2	女	1	21.1
⋮	⋮	⋮	⋮	⋮	
2	6.5	20	男	1	21.1
0	4.8	1	女	2	19.3
1	4.4	1	女	2	19.3
⋮	⋮	⋮	⋮	⋮	
2	6.8	20	女	30	17.8

変数のうち，「QOL」は各時点で患者から得られるものなので，各行ごとに値が異なります．したがって，これは時点レベルの変数です．QOL は30の病院ごとに，20人の患者から，3回測定されています．次に，「性別」は患者ごとに値が異なります．したがって，これは患者レベルの変数です．最後に，「患者/医者比」は病院ごとに値が異なります．したがって，これは病院レベルの変数です．マルチレベルモデルは，このような3つ以上のレベルを持つデータに適用することもできます．

以上の5つの例から分かるように，マルチレベルモデルで扱う「複数のレベルを持つデータ」は，「A の中の B の中の C の中の…」という階層構造を持っています．1つめから4つめの例は，「A の中の B」なので，A と B の2つのレベルを持つデータです．たとえば，1つめは「学校の中の児童」になっています．一

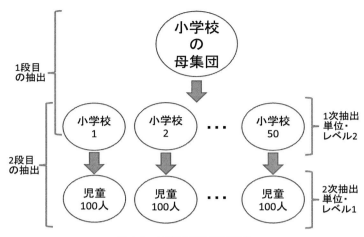

図 1.7　2 段抽出法の概念図

方，5 つめの例は，「A の中の B の中の C」なので 3 つのレベルを持つデータです．本書では基本的に，適用例も多くマルチレベルモデルの本質が伝えやすい 2 つのレベルを持つデータに当てはめることを考えて，説明を行っていきます．なお「A の中の B」といった場合，これをマルチレベルモデルの文脈では「B は A にネストしている」といいます．

1 つめと 2 つめの例が，マルチレベルモデルで扱う典型的なデータです．これらは，図 1.7 に示した 2 段抽出法という標本抽出法によって得られたデータです．2 段抽出法では，まず「A の中の B」の A を無作為に選び，その後に選ばれた A に含まれる B を無作為に選びます．

たとえば 1 つめの例では，まず小学校を無作為に 50 校選び，50 校それぞれから 100 人の小学生を無作為に選びます．A や小学校を「1 次抽出単位」，B や小学生を「2 次抽出単位」と呼びます．また本書ではそれぞれを後述する方程式の順番にあわせて 1 次抽出単位を「レベル 2」，2 次抽出単位を「レベル 1」と呼びます．図 1.7 のように，抽出単位とレベルで数の付け方が逆転していることに注意してください．

1.2　複数のレベルを持つモデル

1 つめの例でみた表 1.1 のようなデータは，添え字が異なる変数が混在してい

ます．表 1.1 には，添え字が ij の変数（プレとポスト）と添え字が j の変数（プレ学校平均とポスト学校平均と補習時間）があります．繰り返しになりますが，前者の添え字が i ではなく ij になるのは，マルチレベルモデルでは「j に所属する i」という形でデータを表すからです．i は通しの児童番号ではなく，学校内の児童番号です．たとえば学校 3 の児童 6 であれば，$i,j = 6,3$ となります．添え字の異なる変数が混在しているため，このようなデータを表現するためには 1 つのレベルのみの方程式では足りません．マルチレベルモデルは，

$$ij \text{ レベル（個人レベル，レベル 1）のモデルの方程式} \qquad (1.1)$$
$$j \text{ レベル（集団レベル，レベル 2）のモデルの方程式} \qquad (1.2)$$

のように各レベルごとにモデルをつくり，前者では ij レベルの変数の関係を，後者では j レベルの変数の関係を調べます．本章では扱いませんが，例 5 のように 3 つめのレベルがあるときは，方程式も 3 つのレベルについて必要になります．また，本書では ij レベルの変数やモデルを「レベル 1 の変数」や「レベル 1 のモデル」と呼び，j レベルの変数やモデルのことを「レベル 2 の変数」や「レベル 2 のモデル」と呼びます．そして，レベル 1 の抽出単位のことを「個人」，レベル 2 の抽出単位のことを「集団」と適宜呼んでいきます[*5)]．

表 1.1 のデータを使った研究課題として挙げられそうなものを以下に示しました．図 1.8 に示された番号は以下の番号と符合しています．

1. プレテストの成績が良い児童ほどポストテストの成績も良いか（児童レベル）．

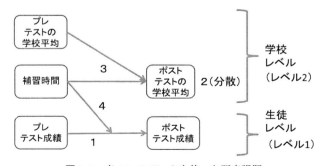

図 1.8 表 1.1 のデータを使った研究課題

[*5)] ただし，例 4 のような縦断データの場合には，レベル 1 の抽出単位が時点，レベル 2 の抽出単位が個人になるため，レベル 1 が個人にならないケースもあります．

2. 学校ごとにみたとき，ポストテストの平均に違いがあるか (学校平均に違いがあるか) [学校レベル].
3. 学校ごとにみたとき，補習時間が長い学校ほど (あるいはプレテストの学校平均が高い学校ほど) ポストテストの学校平均は高いか [学校レベル].
4. プレテストの成績とポストテストの成績の関係は，補習時間の影響を受けるか [児童レベルの変数と学校レベルの変数との交互作用効果].

マルチレベルモデルを使うことでこれらについて適切な分析を行うことができます．

1.3 本章のまとめ

1. 複数のレベルを持つデータは，2段抽出法などによって収集される，階層性のあるデータである．
2. ペアデータや縦断データも複数のレベルを持つデータであり，マルチレベルモデルで扱うこともできる．
3. マルチレベルモデルは複数のレベルを持つ (階層性のある) データを適切に分析することができる．
4. マルチレベルモデルでは，変数の添え字が異なるのはレベルの違いを表し，異なるレベルごとにモデルをつくる．

○付録1　固定因子と変量因子
小学生の男女で文章読解力が算数の得点に与える影響に差があるか否かを検証

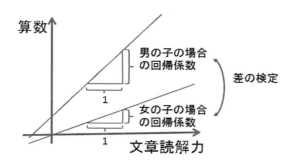

図 1.9　男女の回帰係数の違い

付　録　　13

表 1.3　個人レベルと性別レベルの架空データ

個人レベル		性別レベル
5	6	1
6	7	1
3	4	1
⋮	⋮	⋮
8	7	1
4	3	0
9	5	0
⋮	⋮	⋮
7	6	0

する状況を考えてみましょう．これは 2 群それぞれで回帰分析を行い，回帰係数の差を検定すれば調べることができます．

　しかしこれは見方を変えると，表 1.3 に示すように 2 つのレベルを持つデータを扱っている状況であることが分かります．2 つのレベルとは，個人レベルと性別レベルです．例 1 の表 1.1 の状況にあわせて考えてみると，個人レベルは児童レベルでありレベル 1 になります．一方，性別レベルは学校レベルに相当するのでレベル 2 になります．例 1 との大きな違いは，性別については男女の違いに関心があるのに対して，学校については無作為に選ばれた個々の学校の差に関心があるというよりは，学校間のバラつきに関心があることが多いという点です．

　分散分析では，要因 (性別・学校) の個々のカテゴリ (性別・学校) に関心がある場合，その要因を「固定因子」と呼びます．一方，個々のカテゴリがあくまで母集団から無作為抽出された標本であり，偶然得られた標本の性質ではなく標本間のバラつきに興味がある場合，それを「変量因子」と呼びます．マルチレベルモデルが適用される状況は変量因子の場合です．2 段抽出では，1 段目の抽出は無作為抽出によって行われています．具体的な学校に狙いを定めた研究デザインではありません．

　逆に，固定因子の場合には構造方程式モデリングによる多母集団分析などを用いることができます．したがって，たとえば 2 変数間の関係性について国際比較を行う場合，具体的な国どうしの違いに関心があるときには多母集団分析，各国はあくまで無作為抽出の結果選ばれており，国の間のバラつきに関心があるときにはマルチレベルモデルを用います．

2

マルチレベルモデルへの準備 その1
―従来の方法に基づく分析の欠点―

　本章では，複数のレベルを持つデータに対してマルチレベルモデルを使わずに従来の方法で分析することがなぜ不適切なのか，その理由を示していきます．不適切である理由をしっかりと理解することで，マルチレベルモデルに対する理解も深まります．またその説明の中で，「集団平均の信頼性」という，マルチレベルモデルにおける重要な用語についても理解を図っていきます．

2.1　従来の方法の欠点

　1.2 節でも述べたように，表 2.1 のような 2 つのレベルを持つデータが得られたとき，マルチレベルモデルを行えば以下のような研究課題に取り組むことができます．

1. プレテストの成績が良い児童ほどポストテストの成績も良いか [児童レベル].
2. 学校ごとにみたとき，ポストテストの平均に違いがあるか (学校平均に違いがあるか) [学校レベル].
3. 学校ごとにみたとき，補習時間が長い学校ほど (あるいはプレテストの学校平均が高い学校ほど) ポストテストの学校平均は高いか [学校レベル].
4. プレテストの成績とポストテストの成績の関係は，補習時間の影響を受けるか [児童レベルの変数と学校レベルの変数との交互作用効果].

　しかし単純に考えれば，1 については表 2.1 の「プレ」と「ポスト」を使って単回帰分析を行えばよいように思えます．2 については成績の学校平均の分散を単純に計算すれば問題ないように思えます．3 については補習時間とポストテストの学校平均の 2 変数間で単回帰分析を行えばよいように思えます．

　4 については表 2.2 をみてください．3 列目は，プレテストとポストテストの間で学校ごとに回帰分析を行った結果求まった傾きです．括弧内は標準誤差 (standard

2.2 レベル 1 の変数間の関係 15

表 2.1 マルチレベルモデルの架空データ (表 1.1 を再掲)

児童レベル (添え字 ij)				学校レベル (添え字 j)			
児童	学内	プレ	ポスト	学校	プレ平均	ポスト平均	補習
studentID	s-sID	pre1	post1	schoolID	pre2.m	post2.m	time2
1	1	47	150	1	52.49	126.39	5.21
2	2	53	114	1	52.49	126.39	5.21
3	3	46	106	1	52.49	126.39	5.21
$\vdots$	$\vdots$	$\vdots$	$\vdots$	$\vdots$	$\vdots$	$\vdots$	
100	100	48	120	1	52.49	126.39	5.21
101	1	36	96	2	41.81	108.66	5.48
102	2	43	105	2	41.81	108.66	5.48
$\vdots$	$\vdots$	$\vdots$	$\vdots$	$\vdots$	$\vdots$	$\vdots$	
5000	100	59	139	50	45.49	126.48	4.84

表 2.2 学校ごとの傾きと切片およびそれらの標準誤差

学校番号	補習時間	傾き (SE)	切片 (SE)
1	5.21	1.03 (0.16)	72.30 (8.69)
2	5.48	1.02 (0.11)	66.16 (4.68)
3	5.09	0.80 (0.16)	82.19 (7.40)
$\vdots$	$\vdots$	$\vdots$	$\vdots$
50	4.84	1.14 (0.14)	74.57 (6.21)

error, SE) です. この傾きに対して補習時間を説明変数として回帰分析を行え
ば, 傾き (プレテストの成績とポストテストの成績の関係) が補習時間の影響を
受けるかが分かりそうです.

しかしこれらの方法は, データの階層性を考慮すべき場合, 誤った結果を導い
てしまいます. 本章ではその理由について説明します.

2.2 レベル 1 の変数間の関係

1 つめの「プレテストの成績が良い児童ほどポストテストの成績も良いか」に
ついて考えてみましょう. そのために, まず単回帰分析について復習しましょう.
単回帰分析は, 説明変数 x_i が目的変数 y_i に与える影響を調べるために, 2 変数

の関係を以下の1次式でモデル化したものです．ここで添え字 i は児童を表しています．なお，このデータはある1つの学校で得られたものとします．

$$y_i = \beta_0 + \beta_1 x_i + r_i \tag{2.1}$$

β_0 は切片，β_1 は傾き，r_i は誤差です．ここで，切片と傾きの推定量 $\hat{\beta}_0$ と $\hat{\beta}_1$ は以下の式で求まります．

$$\hat{\beta}_0 = \bar{y} - \hat{\beta}_1 \bar{x} \tag{2.2}$$

$$\hat{\beta}_1 = \frac{s_{xy}}{s_x^2} \tag{2.3}$$

$\bar{x}$，$\bar{y}$ はそれぞれの変数の平均，s_x^2 は変数 x の分散，s_{xy} は2変数の共分散です．つまり，単回帰分析のパラメータは説明変数と目的変数の平均・分散・共分散という標本統計量から推定することができます．$\hat{\beta}_0$ はこの学校において x の値が0の児童の y の期待値，$\hat{\beta}_1$ はこの学校において x の値が1大きい児童の y の値の増加分の期待値と解釈されます．$\hat{\beta}_0$ と $\hat{\beta}_1$ をこの学校の児童レベルの現象を表すパラメータの推定量として解釈することができるのは，説明変数と目的変数がこの学校における児童レベルの変数だからです．平均は全児童についての平均，分散は児童間の個人差，共分散は児童レベルの変数間の共変動となります．したがって，これらの標本統計量から求まる傾きや切片もこの学校の児童レベルの現象を表すパラメータになるのです．

2.2.1 単回帰モデルの実行

ここで表2.1に戻ってみましょう．表2.1では上記の例とは異なり，複数の学校からデータが収集されています．それでは，学校を表す添え字を j，学校 j の児童 i を表す添え字を ij として，以下のモデルのパラメータを推定すればよいのでしょうか．以下は，表2.1の3列目（プレ）を x_{ij}，4列目（ポスト）を y_{ij} としてそのまま使った単回帰モデルです．

$$y_{ij} = \beta_0 + \beta_1 x_{ij} + r_{ij} \tag{2.4}$$

この方法は直観的には正しいように思えますが，実は誤った推定値を求めてしまうことになります[*1]．たとえば，表2.1のプレテストの成績とポストテストの

[*1] ただし，切片と傾きに学校間で違いがなく，$\beta_{0j} = \beta_0$，$\beta_{1j} = \beta_1$ であれば正しいモデルです．β_{0j} については (2.5) 式と (2.6) 式をみてください．β_{1j} については第5章で説明します．

成績は，そのままでは児童間の違いを表す変数とはいえず，詳しくは後述するように学校間の違いを含んでいます．したがって，(2.4) 式は児童レベルの違いのみを表す方程式ではないのです．

そもそも，学校間の違いや児童間の違いとは何でしょうか．図 2.1 に示すように，前者が複数の学校間の違いであることは自明でしょう．一方，児童間の違いは，「学校内の児童間の違い」を意味しています．つまり児童間の違いとは，同じ学校の中において，成績のバラつきが児童間でどれだけあるかを表します．したがって児童間の違い (=「学校内の児童間の違い」) は，各個人がどの学校に所属しているかを考慮しながら求める必要があります．また，学校間の違いを考慮して求める必要もあります．

一方，(2.4) 式では学校間の違いを考慮せず，2 つの変数をそのまま単回帰モデルに投入しています．このため，この単回帰モデルからレベル 1 (児童レベル) の変数間の関係を知ることはできないのです．この点をより詳しくみていきましょう．2 段抽出法は，第 1 章の図 1.7 のように同じ小学校から複数の児童を抽出しています．ここで，学校 j に通う児童 i のポストテストの成績 y_{ij} を以下の式で表現しましょう．

$$y_{ij} = \beta_{0j} + r_{ij} \tag{2.5}$$

β_{0j} はポストテストの成績に関する学校 j の母平均を表しています．さらに，r_{ij}

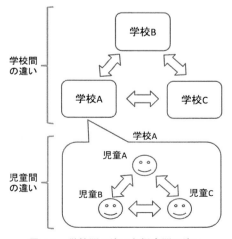

図 2.1 学校間の違いと児童間の違い

は誤差項であり，児童 i のポストテストの成績とその児童の通う学校の平均との乖離を表しています．(2.5) 式は，ポストテストの成績は所属する学校によってある程度 (β_{0j}) 決まり，それに学校内の個人差 (r_{ij}) を足すことで y_{ij} になることを意味しています．β_{0j} が学校間の違いを表しています．(2.5) 式については第3章と第4章でも詳しく述べます．ここで，すべての i と j について，

$$\beta_{0j} \sim N(\gamma_{00}, \tau_{00}) \tag{2.6}$$

$$r_{ij} \sim N(0, \sigma^2) \tag{2.7}$$

と仮定します．なお，N は正規分布 (normal distribution)，Cov は共分散を表します．γ_{00} はポストテストの成績の全平均 (データに含まれる全ての児童に関する平均)，τ_{00} は学校間の分散，σ^2 は学校内の児童間の分散を表しています．また，r_{ij} はすべての i，j の組み合わせについて独立とします．(2.6) 式の仮定は，個々の学校の β_{0j} は平均 γ_{00}，分散 τ_{00} の正規分布からの無作為標本であることを意味します．また，(2.7) 式の仮定は，個々の児童の r_{ij} は平均 0，分散 σ^2 の正規分布からの無作為標本ということです．なお，β_{0j} (ポストテストの成績の学校平均) と，r_{ij} (学校平均からの個々の児童の成績の乖離) は独立とします．

これらから，y_{ij} の分散 $V(y_{ij})$ は

$$V(y_{ij}) = V(\beta_{0j} + r_{ij}) = V(\beta_{0j}) + V(r_{ij}) = \tau_{00} + \sigma^2 \tag{2.8}$$

となります．2つめの等式は β_{0j} と r_{ij} が独立であることから成り立ちます．(2.8) 式から分かることは，学校間でポストテストの成績に違いがある ($\tau_{00} \neq 0$) 場合には，y_{ij} の分散は学校間の違いを含むということです．また，ここまでの説明は y_{ij} に関するものでしたが，x_{ij} についてもその分散には学校間の分散と児童間の分散が混在しています．

したがって，x_{ij} や y_{ij} の分散・共分散から (2.3) 式によって計算される傾きにも学校間の違いが反映されてしまうのです．これが，表 2.1 の児童レベルの変数間で単純に回帰分析を行う方法が適切でない理由です．マルチレベルモデルは，2段抽出法によって得られたこのようなデータを適切に分析するための統計モデルなのです．

2.2.2　2段抽出法と単純無作為抽出法

2段抽出法ではなく，単純無作為抽出法によってデータ収集を行えば，マルチ

レベルモデルを使うことなく分析を行うことができます．しかし，単純無作為抽出法にも欠点があります．

社会調査の例を挙げます．ある市のＡ区に住む人を対象として，住民名簿から単純無作為抽出を行い，抽出の結果選ばれた住民の自宅を訪問して面接調査を実施することを考えてみましょう．Ａ区Ｂ町からはＣさんだけが抽出されたとします．すると，そこで抽出されたたった1名のＣさんに面接するためだけに，調査実施機関は交通費が必要になります．また，Ｃさんが不在の場合にはその交通費が無駄になってしまいます．仮にＣさんに調査を行うことができたとしても，Ｂ町ではＣさん以外に抽出された人はいないので，再び交通費と時間を使って別の町のＤさん宅まで移動する必要が生じます．

一方，2段抽出法の場合には，Ａ区のＥ町を選び (これが第1章1.1節でみた図1.7の1段目の抽出に当たります．実際にはＥ町以外の町も抽出されます)，Ｅ町に住むＦさんからＳさんまでの14人を選びます (これが図1.7の2段目の抽出に当たります)．面接費用やその他のコストは14名が近くに住んでいるため少なく済みます．2段抽出法にはこのような利点があります．逆にいえば，この利点のためにマルチレベルモデルという複雑な統計手法が必要になってしまいます．

しかし，マルチレベルモデルは2段抽出法を使ったときに仕方なく当てはめる統計モデルという位置づけではありません．2.1節のはじめで挙げたように，レベル2の変数間の関係を調べたり，レベル1の変数間の関係に与えるレベル2の変数の影響を調べるための強力な手法です．

2.2.3 学校内の児童間分散の推定

本節の最後に，「学校内の児童間」の分散 σ^2 の推定量 s_w^2 を求める方法を示します．s_w^2 の添え字が w なのは，これが学校内 (within) の分散だからです．レベル2の標本サイズ (学校数) を N，レベル2の集団 j に含まれるレベル1の数は n で共通，全標本サイズを $M = nN$ とすると，s_w^2 は学校 j 内における平方和をすべての学校について足しあげて自由度 $(M - N)$ で割った [*2)] 以下の式で求めることができます．これは，分散分析における主効果の検定のための群内 (集団内) の平均平方の式と同じです．

[*2)] 任意の j について y_{ij} の平均は $\bar{y}_{.j}$ なので，n 個の y_{ij} のうち $n-1$ 個の値が決まれば残る1個も値が決まります．したがって，すべての j について考えると自由な値をとることができるのは，$N(n-1) = M - N$ 個になります．

$$s_w^2 = \frac{1}{M-N} \sum_{j=1}^{N} \sum_{i=1}^{n} (y_{ij} - \bar{y}_{.j})^2 \tag{2.9}$$

$y_{ij} - \bar{y}_{.j}$ は集団 j 内の変動を表しています．また，この推定量の期待値は $E[s_w^2] = \sigma^2$ であり，σ^2 の不偏推定量になっています [*3)]．

2.3　集団平均の分散—集団平均の信頼性—

前節の最後で集団内のレベル 1 の分散 (学校内の児童間の分散) について説明しました．ここでは，2 つめの研究課題「ポストテストの成績には学校間で違いがあるか」に関連して，集団平均の分散について説明します．表 2.1 のポストテストの成績の学校平均を学校分得て，その分散を計算したとしましょう．これを以下のように書いたとします．表 2.1 では $N = 50$ です．

$$s_b^2 = \frac{1}{N-1} \sum_{j=1}^{N} (\bar{y}_{.j} - \bar{y}_{..})^2 \tag{2.10}$$

s_b^2 の添え字が b なのは，これが学校間 (between) の分散だからです．ここで，

$$\bar{y}_{.j} = \frac{1}{n} \sum_{i=1}^{n} y_{ij} \tag{2.11}$$

$$\bar{y}_{..} = \frac{1}{M} \sum_{j=1}^{N} \sum_{i=1}^{n} y_{ij} \tag{2.12}$$

であり，$\bar{y}_{.j}$ は集団 j の平均 (学校ごとのポストテストの成績の平均)，$\bar{y}_{..}$ は全平均 (データに含まれるすべての対象者に関するポストテストの成績の平均) です．したがって，$\bar{y}_{.j} - \bar{y}_{..}$ は集団間の違いを表します．しかし，s_b^2 の期待値は，

$$E[s_b^2] = \tau_{00} + \frac{\sigma^2}{n} \tag{2.13}$$

となり，(2.6) 式で学校間の分散の真値として仮定した τ_{00} にはなりません [*4)]．

[*3)]　期待値とは，様々な値をとる確率変数の平均を意味します．s_w^2 は選ばれた標本が違えば異なる値になりますが，平均的には σ^2 になることを意味します．また，期待値がパラメータに等しい性質を持つ推定量のことを「不偏推定量」といいます．なお，すでに登場した $Cov(x, y)$ と $V(x)$ はそれぞれ，$(x - E[x])(y - E[y])$ の期待値と $(x - E[x])^2$ の期待値を意味します．

[*4)]　つまり，s_b^2 は τ_{00} の不偏推定量ではありません．(2.13) 式の導出については豊田 (2000, pp.253–254) などを参照してください．

2.3 集団平均の分散—集団平均の信頼性— 　　　21

したがって，ポストテストの成績の学校平均の分散を単純に計算した (2.10) 式は
集団平均の分散を求める方法として適切とはいえません.

2.3.1 標本平均の分散

ここで，(2.13) 式の σ^2/n について考察してみましょう. σ^2/n は基礎的な統計
学の教科書には必ず登場する，標本平均の分散を表します. ここでは，標本にお
ける集団平均 $\bar{y}_{.j}$ のバラつきを表しています [5]. 標本における集団平均 $\bar{y}_{.j}$ とそ
のパラメータ (母平均) β_{0j} の差を r_j とすると，以下のようになります.

$$\bar{y}_{.j} = \beta_{0j} + r_j \tag{2.14}$$

このとき，$r_j = \bar{y}_{.j} - \beta_{0j}$ の分散が σ^2/n になります. r_j はパラメータ β_{0j} と標
本における集団平均 $\bar{y}_{.j}$ の差なので，σ^2/n は (2.10) 式に含まれる $\bar{y}_{.j}$ の不確かさ
を表しています. σ^2/n が小さければ，パラメータ β_{0j} と標本における集団平均
$\bar{y}_{.j}$ の差は平均的には小さいといえます.

(2.13) 式から，s_b^2 は τ_{00} の不偏推定量ではないことが分かりました. 特に各集
団のサイズ n が小さいときには $\bar{y}_{.j}$ の不確かさが高まるため，s_b^2 の実現値と τ_{00}
は大きく異なってしまう可能性があります. ここでは，集団のサイズ n が各集団
に共通であると仮定した話をしていますが，集団ごとに異なる n_j であっても同
じ性質を持っています.

2.3.2 テスト理論と信頼性

また，(2.13) 式を使ってマルチレベルモデルにおいて大切な概念である集団平
均の信頼性を導くことができます. 集団平均の信頼性が大切なのは，集団平均を
説明変数にした場合にその分析結果の適切さにかかわるからです. ここでいう信
頼性とは，テスト理論の概念です. まず，テスト理論における信頼性について説
明しましょう.

x_i を学力テストなどで得られた個人 i の得点，t_i を個人 i の真の得点 (真の力)，
e_i を t_i とは無関係な偶然の作用 (誤差) とすると (つまり t_i と e_i は無相関)，x
は t と e の和として以下のように表現されます.

---

[5] 分散分析と同じように，群内分散は各群 (各 j) で等しいという制約がおかれているため，σ^2 には
添え字 j がつきません.

$$x_i = t_i + e_i \tag{2.15}$$

この式は，x_i の生成理由が t_i と e_i にあることを意味してます．したがって，テストで高得点を得たことは，真の力の高さとヤマ勘が当たったなどの偶然の作用の結果であることを示しています．このとき，x_i の信頼性は

$$信頼性 = \frac{V(t_i)}{V(x_i)} = \frac{V(t_i)}{V(t_i + e_i)} = \frac{V(t_i)}{V(t_i) + V(e_i)} \tag{2.16}$$

と表現され，観測値の分散に占める真の値の分散となります．最後の等式は，t_i と e_i が無相関という仮定から成り立ちます．信頼性は，テストで得られた値の個人差のうち，真の値の個人差が占める割合です．偶然の作用の影響 $V(e_i)$ が相対的に小さいときに，信頼性は高くなります．

2.3.3 集団平均の信頼性

ここまでは x_i の信頼性の話でした．マルチレベルモデルでは集団平均をレベル2の方程式の説明変数にして，レベル2の変数間の関係を調べることがあります．しかしながら，集団平均はレベル1の変数についての集団ごとの平均なので，求まった集団平均は母集団における値とはもしかすると大きく異なっているかもしれません．(2.14) 式の r_j はこの乖離の大きさを表してます．そこで，(2.14) 式を使って集団平均 $\bar{y}_j$ の信頼性を求めてみましょう．変数 y についての集団平均の信頼性を λ_y で表すことにします．

(2.14) 式と (2.15) 式の対応および (2.16) 式から，

$$集団平均の信頼性 = \frac{V(\beta_{0j})}{V(\beta_{0j} + r_j)} = \frac{\tau_{00}}{\tau_{00} + \sigma^2/n} = \lambda_y \tag{2.17}$$

になります [*6)]．したがって，集団平均の信頼性は集団平均の推定量が誤差 r_j を含む程度を表しています．集団のサイズ n が大きいならば多くの n を使って集団平均を求めているため信頼性は高い，逆に小さいならば誤差の影響が大きくなるので信頼性は低いというのは自然な結果です．集団平均をレベル2の方程式の説明変数にする際には，集団平均の信頼性を調べ，その大きさに気をつけた上で説

[*6)] (2.8) 式は $y_{ij} = \beta_{0j} + r_{ij}$ の分散，(2.17) 式の分母では $\bar{y}_{.j} = \beta_{0j} + r_j$ の分散を求めているという違いがあることに注意してください．r_{ij} は集団 j に属する個人 i の値 y_{ij} が，集団平均の母集団における値 β_{0j} と異なっている程度です．一方，r_j は集団 j の集団平均の標本値 $\bar{y}_{.j}$ が，集団平均の母集団における値 β_{0j} と異なっている程度です．

明変数に含める必要があります．集団平均の信頼性の推定値を求めるときには，τ_{00} と σ^2 に (2.5) 式のモデルから求まる推定値を代入します．

2.4　レベル 2 の変数間の関係

　前節の議論から，ポストテストの成績のように，もともとレベル 1 の変数として収集されたデータの集団平均を使って分析を行うときには，その信頼性に注意する必要があることが分かりました．一方，レベル 2 の変数が集団平均ではなく，もともと集団ごとに与えられる変数である場合にはどうでしょうか．たとえば，学校ごとの児童/教員比はその性質として学校単位の変数ですから，もともとレベル 2 の変数といえます．しかも誤差を含みません．この場合には，児童/教員比をそのままレベル 2 の変数として用いて問題ありません．

　したがって，3 つめの研究課題「補習時間が長いほどポストテストの学校平均は高いか」に対して 2 変数の間で単純に回帰分析を行う方法は，両変数の信頼性の低さに応じて誤りが生じているといえます．補習時間については，各学校で定めた児童間で共通の補習時間であれば信頼性には問題がありません．一方，補習時間は児童ごとにまちまちであり，変数「補習時間」は児童の補習時間の学校ごとの平均であれば信頼性に問題が生じる可能性があります．抽出された児童によって補習時間が異なるため，当該学校の真の補習時間の平均とは異なってしまうからです．

2.5　レベル 1 の変数間の関係に，レベル 2 の変数が与える影響 (交互作用)

　それでは，4 つめの研究課題「プレテストの成績とポストテストの成績の関係は，補習時間の影響を受けるか」について考えてみましょう [*7)]．2.2.1 項で述べたように，レベル 1 の個人差というのはレベル 2 の中の同じ集団についてのレベル 1 の個人差を指します．学校データでいえば，同じ学校内の児童間の個人差のことです．したがって，レベル 1 の変数間の関係はレベル 2 ごとに推定されたレベル 1 の変数間の回帰分析結果や相関係数をさすと考えるのが自然です．

---

*7)　これはクロスレベル交互作用効果というものです．詳しくは第 5 章で説明します．

たとえば表 2.1 のデータを使って，ポストテストの成績を目的変数，プレテストの成績を説明変数とした単回帰分析を (2.18) 式 (1 つめの学校) や (2.19) 式 (2 つめの学校) のように学校ごとに行うと，表 2.2 のような回帰係数と切片が学校ごとに推定されます．

$$y_{i1} = 72.30 + 1.03x_{i1} + r_{i1} \qquad (2.18)$$

$$y_{i2} = 66.16 + 1.02x_{i2} + r_{i2} \qquad (2.19)$$

統計解析環境 R のスクリプトは以下になります．まず学校データを読み込みます．次に，関数 subset で学校ごとのデータを schoolID が 1 から 3 まで取り出しています．そして，関数 lm により回帰分析を実行しています．関数 lm は lm(目的変数~説明変数, data=使用するデータフレーム名) と記述します．関数 summary の中から coef を取り出すとこれらは推定値であり，2.1 節でみた表 2.2 の数値が得られていることが分かります．なお，data1 の内容は表 2.1 のとおりです．

```
> #学校ごとの単回帰分析
> data1<-read.csv("学校データ. csv",header=T)
>
> school1<-subset(data1,data1$schoolID==1)
> school2<-subset(data1,data1$schoolID==2)
> school3<-subset(data1,data1$schoolID==3)
>
> summary(lm(post1~pre1,data=school1))$coef
> summary(lm(post1~pre1,data=school2))$coef
> summary(lm(post1~pre1,data=school3))$coef
```

話を R から本題に戻しましょう．傾きに対して補習時間が与える影響を知りたいのであれば，傾きを目的変数，補習時間を説明変数とした回帰分析を次に行えばよいように思えます．しかし，これは良い方法ではありません．それは，この方法では傾きはあくまで推定値であり，その標準誤差があることを考慮していないからです．

表 2.1 のデータでは，すべての学校について $n = 100$ であり，それなりの大きさの標本サイズで傾きが推定されています．したがって，標準誤差は大きな値ではありません．しかし，状況によっては標本サイズが 1 桁の場合もあり得ます．

表 2.2　学校ごとの傾きと切片およびそれらの標準誤差 (再掲)

学校番号	補習時間	傾き (SE)	切片 (SE)
1	5.21	1.03 (0.16)	72.30 (8.69)
2	5.48	1.02 (0.11)	66.16 (4.68)
3	5.09	0.80 (0.16)	82.19 (7.40)
⋮	⋮	⋮	⋮
50	4.84	1.14 (0.14)	74.57 (6.21)

　縦断データがその例です．縦断データは，「個人の中に測定時点」が入った構造を持つ階層データです．個人に調査票の回答を複数時点で依頼する場合には，回収率を高めるなどの目的で測定時点はそれほど多くはできません．すると，個人ごとの推定値の標準誤差はかなり大きな値となり，パラメータとは異なる値である可能性が高まります．したがって，その推定値を目的変数とした回帰分析の結果もまた，パラメータとは異なる値になっている可能性が高いでしょう．

　マルチレベルモデルは，レベル 2 ごとの推定値を求めるのではなく，集団ごとの傾きとレベル 2 の変数の間の共分散，およびそれぞれの分散と平均を使うことで「レベル 1 の変数間の関係に，レベル 2 の変数が与える影響」を推定します．これにより，推定値が標準誤差を持っていることを考慮できます．また，傾きではなく集団ごとの切片の大きさに対するレベル 2 の変数の影響をみるときにもやはり標準誤差の大きさの問題が生じるので，マルチレベルモデルを使います [8]．

　なお，集団ごとに回帰分析を行うこと自体は誤りではありませんし，その結果をみて集団間の違いを考察することにも問題はありません．ただし，そのときには標準誤差の大きさや信頼区間の広さにも注意する必要があります．

2.6　レベル 1 の変数とレベル 2 の変数の関係

　レベルの異なる変数間の関係を調べることはできるでしょうか．たとえば表 2.1 では，ポストテストの成績は児童レベル，補習時間は学校レベルで測定されています．この 2 変数間で回帰分析を行うためには観測対象の数を揃える必要があります．そのために，同じ学校に所属している児童については同じ値の補習時間を

---

[8]　ただし，マルチレベルモデルでは，標本サイズの小さな集団の傾きや切片の推定値は他の集団の情報によって補完されて求まります．したがって，マルチレベルを用いたときの結果が常にパラメータに最も近いとは限りません．パラメータ推定については『実践編』第 6 章をご覧ください．

データとして与えて (表 2.1 はもともとそうなっています) 分析するとどうなるでしょうか.

この場合，補習時間の値の数は本来は 50 個なのに，それが 5000 個あるとみなして分析することになります．つまり，独立に抽出された 5000 個の値があるとみなして分析することになります．すると，第一種の過誤を犯す確率が増大します．ここでの第一種の過誤とは，本当はポストテストの成績と補習時間には関係がないのに，関係があるという結論を導く誤りです．回帰係数や相関係数の標準誤差が過小評価されるので，第一種の過誤を招きます．したがって，このように無理やりデータ数を増やした分析方法は，誤った結論を導く可能性を高めることになります [9].

2.7　変数の持つ意味

これまでみてきたように，階層性のあるデータを扱うときに注意すべきことは，結局のところ変数の持つ意味です．たとえば，N 社の企業それぞれから n 人の従業員について各人の就業時間と年収のデータを得たとします．このとき，就業時間と年収それぞれについて以下の 3 種類の変数を考えてみましょう．

1つめ：x_{ij} 就業時間，y_{ij} 年収 （2.20）

2つめ：$x_{ij} - \overline{x}_{.j}$ 各人の就業時間から所属する企業の就業時間平均を

　　　　引いた変数，$y_{ij} - \overline{y}_{.j}$ 年収について同様の操作を行った変数 （2.21）

3つめ：$\overline{x}_{.j}$ 就業時間平均，$\overline{y}_{.j}$ 年収平均 （2.22）

2.2.1 項で述べたように，1つめのもともとの変数 x_{ij} にはレベル 1 の情報とレベル 2 の情報の両者が混在しています．これは，$x_{ij} = (x_{ij} - \overline{x}_{.j}) + \overline{x}_{.j}$ としたとき，$(x_{ij} - \overline{x}_{.j})$ は同じ集団 j 内の個人差なのでレベル 1 の情報，$\overline{x}_{.j}$ はレベル 2 の情報になるからです．したがって，この変数に対して積極的な意味づけを行うことは困難です．よって，この変数を使った分析結果に対して解釈を行うこともまた困難です．

2つめの変数 $x_{ij} - \overline{x}_{.j}$ は，集団内の個人差を表しています．したがって，これ

---

[9]　第 6 章では異なるレベル間の変数間に相関があるかどうかを調べます．これは相関の有無の確認であり，検定などを行って解釈をするのではありませんので注意してください．

ら $x_{ij} - \overline{x}_{\cdot j}$ と $y_{ij} - \overline{y}_{\cdot j}$ の変数間の単回帰分析の傾きは，同じ企業内で相対的に就業時間が 1 単位長いと，同じ企業内で相対的に年収がどれだけ高いかを表しています．つまり，勤め先の企業内でみたときによく働く人ほど企業内で周囲よりも高い年収を得ているかどうかを表します．

3 つめの変数 $\overline{x}_{\cdot j}$ と $\overline{y}_{\cdot j}$ は集団平均です．この 2 変数間の単回帰分析の傾きは，就業時間が長い企業ほど企業間で比べたときに年収がどれだけ高いかを表しています [*10]．

このように，3 つの変数の意味は全く異なります．そしてそれに伴い，同じような分析を行ったとしても結果の意味は全く異なります．Robinson (1950) は，レベル 2 の変数間の関係をレベル 1 の変数間の関係のように解釈することを「生態学的誤謬」(ecological fallacy) と呼びました．同じように，レベル 1 の変数間の関係をレベル 2 の変数間の関係のように解釈することも間違いです．生態学的誤謬を犯さないためにも，レベル 1 の関係をレベル 2 の関係を分離して捉えることが大切です．

図 2.2 に 3 種類の変数による回帰直線を描きました．実線は全データを使って求めた回帰直線，点線は企業ごとのデータを使っても求めた回帰直線，破線は企業ごとの両変数の平均値を使って求めた回帰直線です．点線が 3 本あるのは，こ

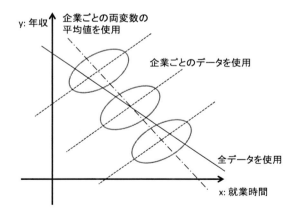

図 **2.2** 3 種類の変数による回帰直線

[*10] ただし，2.3.3 項で述べた集団平均の信頼性が低い場合，集団平均は真の集団平均とは異なる値になっている可能性が高くなります．その場合，就業時間や年収の集団平均は，集団を代表する値として適切ではないので，分析から得られる結論も誤っている可能性が高くなります．

の図では 3 つの企業が描かれているからです.

レベル 2 の変数間の関係をレベル 1 の変数間の関係のように解釈するというのは, 本当は企業間の違いを分析した回帰直線として破線を解釈すべきなのに, 企業内の従業員の違いを表す回帰直線 (点線) として誤ってみなすことを指します. また, これは統計学の初学者が相関係数について勉強するときに学ぶ「異質な集団が含まれる場合に, 集団の違いを無視して相関係数を求めると誤った結論を導くことがある」という注意点と似ています. 異質な集団というのが 3 つの企業に当たります. 図 2.2 の場合, 集団内の相関は正ですが, 全データの相関と集団レベルの相関は負になります.

2.8 本章のまとめ

1. 変数「プレ」と変数「ポスト」は児童間の違いのみを表す変数ではなく, 学校間の違いが含まれている.
2. ポストテストの成績の学校平均の分散には, 学校平均の推定値の不確かさが含まれている.
3. 学校内の児童数が多いほど学校平均の推定値の不確かさは低くなる. したがって, 学校内の児童数が多いほどポストテストの成績の学校平均の信頼性は高まり, 学校平均を用いた分析の正当性も高くなる.
4. 傾きの推定値を目的変数とした回帰分析では, 傾きの推定値の標準誤差が考慮されていない.
5. x_{ij} にはレベル 1 の情報とレベル 2 の情報が混在している (1 点目のまとめと同じ).
6. $x_{ij} - \bar{x}_{.j}$ は集団内の個人差を表す.
7. $\bar{x}_{.j}$ は集団平均だが, その信頼性に注意する必要がある.

文　　献

1) Robinson, W. S. (1950). Ecological correlations and the behavior of indivisuals. *American Sociological Review*, **15**, pp.351–357.
2) 豊田秀樹 (2000). 共分散構造分析 [応用編], 朝倉書店.

3

マルチレベルモデルへの準備 その2
―観測値の独立性―

　本章では，「観測値の独立性」「級内相関係数」「デザイン効果」「レベル1の説明変数の中心化」について説明します．これらは，データに階層性があることを考慮して分析すべきか否かという判断に使用されます．本章での最も重要な概念は「観測値の独立性」です．というのも，「観測値の独立性」が破られていることこそが，階層性のあるデータを特徴づけるものだからです．本章では数式がいくつか登場しますが，上記の用語の意味を理解することを中心に心がけてください．

　なお，本章でもこれまでに第1章，第2章でみた表1.1，表2.1と同じ表3.1のデータを扱います．

表 **3.1**　マルチレベルモデルの架空データ (表 1.1, 表 2.1 を再掲)

児童レベル (添え字 ij)				学校レベル (添え字 j)			
児童	学内	プレ	ポスト	学校	プレ平均	ポスト平均	補習
studentID	s-sID	pre1	post1	schoolID	pre2.m	post2.m	time2
1	1	47	150	1	52.49	126.39	5.21
2	2	53	114	1	52.49	126.39	5.21
3	3	46	106	1	52.49	126.39	5.21
⋮	⋮	⋮	⋮	⋮	⋮	⋮	
100	100	48	120	1	52.49	126.39	5.21
101	1	36	96	2	41.81	108.66	5.48
102	2	43	105	2	41.81	108.66	5.48
⋮	⋮	⋮	⋮	⋮	⋮	⋮	
5000	100	59	139	50	45.49	126.48	4.84

3.1 観測値の独立性と級内相関係数

2段抽出法は，1.1節でみた図1.7のように同じ小学校から複数の児童を選んでいます．このとき，同じ学校に通う児童どうしは，ポストテストおよびプレテストの成績に関していえば，その小学校の地域の生活水準などが影響することで，異なる学校に通う児童よりも似ている可能性が高くなります．ここではこの類似性を計算する方法を説明します．

ここで，ともに学校 j に通う児童 i と，別の児童 i' の成績は第2章で提示した(2.5)式と同様に表現することができます．

$$y_{ij} = \beta_{0j} + r_{ij} \tag{3.1}$$

$$y_{i'j} = \beta_{0j} + r_{i'j} \tag{3.2}$$

y_{ij} は小学校 j に通う児童 i の成績，β_{0j} は成績に関する学校 j の母平均を表しています．さらに，r_{ij} は誤差項であり，児童 i の成績とその児童の通う学校の平均との乖離を表しています．児童 i と i' は β_{0j} について共通であり，r_{ij} と $r_{i'j}$ が個人差を表しています．ここですべての i と j について，(2.6)式と(2.7)式と同じように，

$$\beta_{0j} \sim N(\gamma_{00}, \tau_{00}) \tag{3.3}$$

$$r_{ij} \sim N(0, \sigma^2) \tag{3.4}$$

と仮定します．すべての i に関する仮定なので $r_{i'j} \sim N(0, \sigma^2)$ も仮定したことになります．また，r_{ij} はすべての i, j の組み合わせについて独立とします．さらに，β_{0j} と r_{ij} はすべての i と j の組み合わせについて独立とします．

このとき，$V(y_{ij}) = V(\beta_{0j} + r_{ij}) = V(\beta_{0j}) + V(r_{ij}) = \tau_{00} + \sigma^2$ となります．また，$V(y_{i'j}) = V(\beta_{0j} + r_{i'j}) = V(\beta_{0j}) + V(r_{i'j}) = \tau_{00} + \sigma^2$ となり，$V(y_{ij})$ と一致します．これを使うことで，y_{ij} と $y_{i'j}$ の相関 $\rho_{y_{ij}, y_{i'j}}$ は次のようになります．

3.1 観測値の独立性と級内相関係数　　　　　31

$$\rho_{y_{ij}, y_{i'j}} = \frac{Cov(y_{ij}, y_{i'j})}{\sqrt{V(y_{ij})}\sqrt{V(y_{i'j})}}$$

$$= \frac{Cov(\beta_{0j} + r_{ij}, \beta_{0j} + r_{i'j})}{\sqrt{V(y_{ij})}\sqrt{V(y_{i'j})}}$$

$$= \frac{Cov(\beta_{0j}, \beta_{0j}) + Cov(\beta_{0j}, r_{i'j}) + Cov(r_{ij}, \beta_{0j}) + Cov(r_{ij}, r_{i'j})}{\sqrt{V(y_{ij})}\sqrt{V(y_{i'j})}}$$

$$= \frac{Cov(\beta_{0j}, \beta_{0j})}{\sqrt{V(y_{ij})}\sqrt{V(y_{i'j})}}$$

$$= \frac{V(\beta_{0j})}{V(y_{ij})}$$

$$= \frac{\tau_{00}}{\tau_{00} + \sigma^2}$$

$$= \rho \ (\text{と表します}) \tag{3.5}$$

ρ は (2.17) 式の集団平均の信頼性 $\lambda_y = \tau_{00}/(\tau_{00} + \sigma^2/n)$ とよく似た式になっています. 違いは分母の σ^2 がレベル 1 の標本サイズ n で割られているか否かです. (2.17) 式の n が大きくなれば,集団平均の推定値が母集団の値に近くなることが期待されますので λ_y の推定値は 1 に近づきます. 一方, ρ は n には依存しません. (3.5) 式から分かることは,学校間で成績の違いがある ($\tau_{00} \neq 0$) 場合には,同じ小学校に通う児童の成績の間には相関があり,独立ではないということです [*1].

　観測値の独立性が満たされないとき,マルチレベルモデル以外のモデルによって分析を行うことは,2 つの意味で不適切といえます. 1 つは,観測値の独立性は通常の回帰モデルなど,様々なモデルを適用する際の条件の一つとなっており,この条件が満たされないためです.

　もう一つは, $\tau_{00} \neq 0$ であり観測値の独立性が満たされないとき,児童レベルの変数をそのまま使った分析結果を解釈することが難しくなるためです. 同じ学校内の児童間に相関を生じさせる原因が $\tau_{00} = V(\beta_{0j})$ ということは, β_{0j} に集

[*1]　ただし,これは全データを対象にして分析する場合の話です. 小学校 j に所属する児童のみに注目するとすべての児童について β_{0j} は共通なので, β_{0j} のバラつきは 0 になります. $Cov(\beta_{0j}, \beta_{0j}) = 0$ となるため, (3.5) 式は $\rho = 0$ となります. つまり,小学校 j のみに注目すると相関は 0 になります. これについては本章の付録 1 でも示します.

団間で違いがあることが根本的な原因であることを意味します．そしてこのために，2.2 節で説明したように，表 3.1 の児童レベルの変数 (3 列目や 4 列目の変数) をそのまま使っても，レベル 1 の解釈も，レベル 2 の解釈もできない結果を生んでしまったのでした．図 2.2 で 3 種類の回帰直線が異なる傾きを持つ理由も β_{0j} に集団間で違いがあることが原因です．以上から，β_{0j} に集団間で違いがあり，$\tau_{00} \neq 0$ の場合には，レベル 1 とレベル 2 の違いを考慮する必要が生じます．

さて，(3.5) 式の話に戻しますが，(3.5) 式で求まる値のことを「級内相関係数」(intraclass correlation coefficient, ICC) と呼び，ρ で表します[*2]．ρ の推定値を求めるときは (3.5) 式の τ_{00} と σ^2 にその推定値を代入します．ρ が大きいということは，σ^2 (集団内の個人間の違い) に比して τ_{00} (集団間の違い) が大きいことを意味しています．0.5 を超えた場合には，個人間の違いよりも集団間で違いが大きいということです．そして，級内相関係数が大きいほどレベル 1 とレベル 2 の違いを考慮してマルチレベルモデルを実行しなければ誤った結論を導くことになります．この意味で，級内相関係数はマルチレベルモデルを実行するか否かの判断材料といえます．

また，級内相関係数の標準誤差は

$$(1 - \rho)(1 + (n-1)\rho)\sqrt{\frac{2}{n(n-1)(N-1)}} \tag{3.6}$$

で表され (Smith, 1957)，これを使って級内相関係数 = 0 を帰無仮説とした検定を行ったり信頼区間を求めたりすることができます．標準誤差を求めるときには，(3.6) 式の ρ にその推定値を代入します．

3.1.1 R による級内相関係数の求め方

ここで，R によって級内相関係数とその信頼区間を求める方法を説明します[*3]．まず，ICC パッケージをインストールし，library(ICC) で読み込みます．級内相関係数を求める関数は ICCest です．ICCest には，集団を表す ID

[*2] ρ には添え字がつきません．これは，(3.3) 式と (3.4) 式の仮定，および β_{0j} と r_{ij} の独立性によるものです．また添え字がつかないことは，級内相関係数は「どの集団についても」そして「同じ集団内では個人間のすべての組み合わせについて (すべての i と i' の組み合わせについて)」同じであるという仮定を意味してます．

[*3] 第 4 章以降で説明する lmerTest パッケージの関数 lmer の結果を使って級内相関係数を求めることもできます．

3.1 観測値の独立性と級内相関係数   33

(as.factor(schoolID)), 級内相関係数を求める変数 (post1), ID と変数を含む
データフレーム名 (data1), 信頼区間を求めるための信頼水準 $1 - \alpha$ の α (0.05),
信頼区間を求める方法 (Smith) を指定します.

```
> #学校データの読み込み
> data1<-read.csv("学校データ. csv",header=T)
>
> #級内相関係数の求め方
>
> library(ICC)
>
> ICCest(as.factor(schoolID),post1,data=data1,
+ alpha=0.05,CI.type=("Smith"))
>
$ICC
[1] 0.2774514

$LowerCI
[1] 0.1956005

$UpperCI
[1] 0.3593022

$N
[1] 50

$k
[1] 100

$varw
[1] 140.2584

$vara
[1] 53.8578
```

示された結果から, 表 3.1 のポスト (post1) の級内相関係数は 0.28 になりまし

た.また,varwは$\hat{\sigma}^2 = 140.26$,varaは$\hat{\tau}_{00} = 53.86$を表しています[4].したがって,級内相関係数は$53.86/(53.86 + 140.26) \simeq 0.28$となり一致します.

(3.6) 式のρに0.28を代入すると標準誤差は0.042になります.ICCパッケージの出力において,95%信頼区間は0.196〜0.359となっています.標準誤差の推定値0.042を使うと,95%信頼区間は$0.28 - 1.96 \times 0.042 = 0.198$から$0.28 + 1.96 \times 0.042 = 0.362$までとなり,ほぼ一致します.ICCパッケージでは標準誤差が表示されませんが,信頼区間の上限あるいは下限を使って$(0.28 - 0.196)/1.96 = 0.043$と計算すれば標準誤差を逆算することもできます.

3.2 デザイン効果

これまでみてきたように,2段抽出を行うと集団内では同じような傾向を持つ個人が選ばれることになります.したがって,$N = 50$個の集団それぞれにおいて$n = 100$人からデータを得たとしても,実質的にはより少ない人数でパラメータ推定を行っていることになります.集団内の個人100人が同じ値を持っている場合には,実質的な標本サイズは50になります.

一方,単純無作為抽出法ではそのようなことがありません.5000人のデータによるパラメータ推定では,実質的にも5000人のデータを扱っていることになります.

単純無作為抽出法によって収集された標本サイズ$M = nN$個のデータから推定される全体平均の標準誤差を「SE (単純無作為抽出)」とします.そして,2段抽出法によって収集された同じ標本サイズのデータから推定される全体平均の標準誤差を「SE (2段抽出法)」とします.上で述べた,実質的な標本サイズの違いから,「SE (単純無作為抽出)」よりも「SE (2段抽出法)」の方が値は大きくなります.このとき,これら2つの比を2段抽出法の「デザイン効果」と呼びます.2段抽出法のデザイン効果は以下の式で表され,この値が大きいほど2段抽出法は効率が悪いということになります.

$$2段抽出法のデザイン効果 = \frac{SE\ (2段抽出法)}{SE\ (単純無作為抽出)} = 1 + (n-1)\rho \quad (3.7)$$

---

[4] (3.1) 式は「ランダム効果の分散分析モデル」と呼ばれる最も単純なマルチレベルモデルと同じです.また,(3.1) 式は分散分析の1要因変量モデルとも同じです.このモデルの平方和から級内相関係数を求めることも可能です.

(3.7) 式から，集団内の標本サイズ n と級内相関係数 ρ が大きなときに，デザイン効果は大きな値をとることが分かります．n と ρ が大きいということは，似た傾向を持つ個人が集まった集団から多くのデータを収集することを意味します．このとき全体平均を推定する効率は悪くなります．

前節で，級内相関係数の大きさはマルチレベルモデルを実行するか否かの指標になると述べました．同じことはデザイン効果についてもいえます．デザイン効果が大きいほど得られたデータは 2 段抽出的な性質を強く持つといえるので，マルチレベルモデルを適用すべきということになります．

デザイン効果は，2 段抽出法の標本サイズの決定に使うこともできます．デザイン効果の値は，「単純無作為抽出法で全体平均を推定するときの標準誤差と同じ標準誤差を 2 段抽出法のデータ分析から得るためには，2 段抽出法において何倍の標本サイズが必要か」を表していると考えることもできます．逆にいえば，「2段抽出法で全体平均を推定するときの標準誤差と同じ標準誤差を単純無作為抽出法のデータ分析から得るためには，単純無作為抽出法において何分の 1 の標本サイズで済むか」を表しています．したがって，nN 個のデータから推定した全体平均の SE (2 段抽出法) と同じ大きさの標準誤差を推定するためには，単純無作為抽出法では以下の $N_{単純}$ 個の標本サイズがあれば済みます．

$$N_{単純} = \frac{nN}{デザイン効果} \tag{3.8}$$

また (3.7) 式と (3.8) 式から，単純無作為抽出法で収集された $N_{単純}$ 個のデータから得られる標準誤差と同じレベルの標準誤差を得るために必要となる標本サイズは以下で求めることができます．

$$nN = N_{単純} \times デザイン効果 = N_{単純} + N_{単純}(n-1)\rho \tag{3.9}$$

3.2.1 デザイン効果の具体例

数値例を挙げてみましょう．表 3.1 のポスト (post1) については先ほど計算したように $\rho = 0.28$, $n = 100$, $N = 50$ でした．全体の標本サイズは $100 \times 50 = 5000$ になります．(3.7) 式に代入することで，デザイン効果は $1 + (100 - 1)0.28 = 28.72$ になります．2 段抽出法を利用したことで，単純無作為抽出法と比べて標準誤差が 28.72 倍になっているということです．このとき，2 段抽出法で収集した 5000 の標本から得られる標準誤差と同じ大きさの標準誤差を得るためには，(3.8) 式に代入することで $N_{単純} = 5000/28.72 \simeq 175$ 人を単純無作為抽出すればよいこと

になります．つまりこのデータにおいては，単純無作為抽出法による1人のデータと，2段抽出法による28.72人のデータが全体平均の標準誤差という観点では等価になります．

逆に，5000人を単純無作為抽出した場合と同じだけの標準誤差を得るためには，(3.9)式に代入することで$5000 + 5000(100 - 1)0.28 = 143600$人を2段抽出法で得る必要があります．$n = 100$としているので，必要な集団サイズは$N = 1436$になります．つまり，ある県で単純無作為抽出によって小学生を5000人抽出して成績の平均を求めたときと，ある県の小学校1436校を無作為抽出して，1436校それぞれから100人の小学生を抽出して成績を尋ね，143600個の値の平均を求めたときで，全体平均について同じ標準誤差が期待されるということです[*5]．ただし，2.2.2項で述べたように単純無作為抽出法は莫大な調査費用と手間がかかってしまうため，現実的ではありません．デザイン効果は，現実的ではないけれども望ましい性質を持つ単純無作為抽出法に比べて，2段抽出法などその他の調査法が標準誤差の観点からどれだけ効率が悪いのかを教えてくれます．

マルチレベルモデルで分析をすべきか否か，言い換えればデータの持つ階層性を考慮すべきか否かの判断には明確な基準はありません．しかしながら，これまでに挙げた級内相関係数の値，級内相関係数の有意性，デザイン効果の値の3つを参考にします．なお，Hox (2010) は，級内相関係数 =0.05, 0.10, 0.15 をそれぞれ効果量小，中，大としています (鈴木，2015) [*6]．

3.3　レベル1の説明変数の中心化

マルチレベルモデルでは，レベル1の説明変数についてしばしば中心化 (centering) を行います．中心化については第6章で詳しい説明がありますが，第4章および第5章でも中心化について触れるため，本節で中心化の方法と中心化後の変数の性質についてその概要を説明します．中心化後の変数の性質は2.7節でも説明した，変数の持つ意味と深く関係します．レベル1の説明変数の中心化には集団平均中心化 (centering within cluster, CWC) と全体平均中心化 (centering at the grand mean, CGM) があります．まずは集団平均中心化について説明し

[*5]　文部科学省による平成27年度学校基本調査によれば東京都の小学校数は1351校でした．1校から抽出する児童数を増やさないと東京都であっても同じ標準誤差を達成できないようです．

[*6]　本章の付録3では級内相関係数の値の影響をシミュレーションによって調べています．

3.3 レベル 1 の説明変数の中心化   37

ましょう.

3.3.1 集団平均中心化の方法

その性質についての説明は第 6 章でするとして,ここではまず集団平均中心化 (以下,CWC) の方法について説明します.CWC は,説明変数 x_{ij} から所属する集団の平均 $\overline{x}_{.j}$ を引く操作 $(x_{ij} - \overline{x}_{.j})$ のことです.ここで,集団平均 $\overline{x}_{.j}$ は

$$\overline{x}_{.j} = \frac{1}{n} \sum_{i=1}^{n} x_{ij} \tag{3.10}$$

です.したがって CWC では,個人 i がどの集団 j に所属するかによって x_{ij} から引く値が異なります.

ここでは x_{ij} を表 3.1 のプレ成績 (pre1) として CWC を行いましょう.集団平均 (pre2.m) はすでに学校データに含まれていますが,これを R によって求めてみます.そのためのスクリプトは以下のようになります.

```
> #集団平均の計算
> (data1$pre2.m<-ave(data1$pre1,data1$schoolID))
   [1] 52.49 52.49 52.49 52.49 52.49 52.49 52.49 52.49 52.49 52.49 52.49
  省略
 [100] 52.49 41.81 41.81 41.81 41.81 41.81 41.81 41.81 41.81 41.81 41.81
  省略
[4995] 45.49 45.49 45.49 45.49 45.49 45.49
```

関数 ave(a,b) には,a に対して b ごとに平均を計算する機能があります.この場合は,pre1(data1$pre1) に対して (data1$schoolID) ごとに平均を計算することになります.つまり,学校ごとに pre1 の平均を計算するということです.これで 50 個の集団平均がそれぞれ 100 個ずつ上記のように求まりました.表 3.1 の数値と一致していることを確認してください.

各人のプレ成績 x_{ij} から上記の集団平均 $\overline{x}_{.j}$ を引くための R のスクリプトは以下になります.

```
> #集団平均中心化
> (data1$pre1.cwc<-data1$pre1-data1$pre2.m)
   [1] -5.49 0.51 -6.49  10.51 1.51 -6.49  2.51 4.51  3.51 -2.49
  [11]  9.51 1.51 -5.49 -16.49 7.51 -1.49 -0.49 5.51  4.51  3.51
```

38   3. マルチレベルモデルへの準備 その 2 —観測値の独立性—

省略
[4991]   9.51 9.51   3.51   14.51 0.51 11.51 -1.49 2.51 -7.49 13.51

data1\$pre1-data1\$pre2.m は $x_{ij} - \overline{x}_{.j}$ を意味します．この結果が CWC を
行った pre1.cwc です．CWC を行った結果を表 3.2 に示しました．x_{ij} が学校 j
に所属する児童 i のプレ成績，$\overline{x}_{.j}$ がプレ成績に関する学校 j の集団平均，$x_{ij} - \overline{x}_{.j}$
が x_{ij} に対して CWC を行った後の値です．R の結果と表 3.2 の数値の対応を確
認してください．

表 3.2   CWC と CGM

児童	学校	プレ (x_{ij})	$\overline{x}_{.j}$	$x_{ij} - \overline{x}_{.j}$	$\overline{x}_{..}$	$x_{ij} - \overline{x}_{..}$
1	1	47	52.49	-5.49	49.79	-2.79
2	1	53	52.49	0.51	49.79	3.21
3	1	46	52.49	-6.49	49.79	-3.79
$\vdots$	$\vdots$	$\vdots$	$\vdots$	$\vdots$	$\vdots$	$\vdots$
100	1	48	52.49	-4.49	49.79	-1.79
101	2	36	41.81	-5.81	49.79	-13.79
102	2	43	41.81	1.19	49.79	-6.79
$\vdots$	$\vdots$	$\vdots$	$\vdots$	$\vdots$	$\vdots$	$\vdots$
5000	50	59	45.49	13.51	49.79	9.21

図 3.1 に架空のデータを使って CWC の様子を図示しました．図 3.1 の左図は
中心化前の変数 x_{ij} を集団ごとに描いた散布図です．3 つの破線がそれぞれの集
団平均の位置，点線が後述する全体平均の位置を示しています．集団平均は 10,
27，38 としました．集団内の個人数は等しいと仮定すると全体平均は 25 になり
ます．

一般に，CWC を行うと，各集団内では説明変数の平均が 0 になります．これ
は (3.11) 式のように確認できます．

$$\frac{1}{n}\sum_{i=1}^{n}(x_{ij} - \overline{x}_{.j}) = \overline{x}_{.j} - \frac{1}{n}n\overline{x}_{.j} = 0 \tag{3.11}$$

したがって，CWC 後の散布図は，図 3.1 の右上の図のようにすべての集団内
の値が 0 を平均として散らばるようになります．また，各集団内では説明変数の

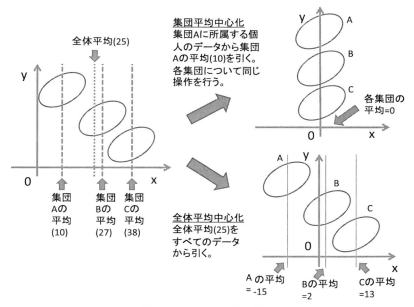

図 3.1 2つの中心化の違い

平均が 0 なので，説明変数に関する集団間のバラつき（集団平均のバラつき）は 0 であることも分かります．CWC は，説明変数に関する集団間の集団平均の違いを排除するともいえます．これは CWC の大きな特徴です．

3.3.2 全体平均中心化の方法

次に，全体平均中心化（以下，CGM）の方法について説明します．CGM とは，説明変数 x_{ij} から x_{ij} に関する全標本 $M = nN$ に関する平均 $\overline{x}_{..}$ を引く操作 $(x_{ij} - \overline{x}_{..})$ のことです．ここで，

$$\overline{x}_{..} = \frac{1}{M}\sum_{i=1}^{n}\sum_{j=1}^{N} x_{ij} \tag{3.12}$$

です．したがって CGM では，個人 i がどの集団に所属するかにかかわらず同じ値を x_{ij} から引くことになります．

プレ成績 (pre1) の説明変数に CGM を行ってみます．まず，R スクリプトは以下になります．

```
> #全体平均による中心化
> (pre1.cgm<-data1$pre1-mean(data1$pre1))

  [1]  -2.7916 3.2084 -3.7916 13.2084 4.2084 -3.7916   5.2084
  [8]   7.2084 6.2084  0.2084 12.2084 4.2084 -2.7916 -13.7916
省略
[4999] -11.7916 9.2084
```

mean(data1$pre1) によって，全体平均を求めています．data1 では 49.7916
になります．これが表 3.2 の $\overline{x}_{..}$ です．そして，各人の x_{ij} に当たる data1$pre1
から全体平均を引いています．mean(data1$pre1) はスカラーですが，ベクトル
data1$pre1 との引き算では，すべての要素が mean(data1$pre1) のベクトルに
なります．この計算結果が CGM を行った pre1.cgm です．表 3.2 では $x_{ij} - \overline{x}_{..}$
が x_{ij} に対して CGM を行った後の値です．ここでも，R の結果と表 3.2 の数値
の対応を確認してください．

図 3.1 右下には CGM の様子も示されています．図 3.1 では全体平均が 25 なの
で，すべての x_{ij} から 25 を引いたものを新たな説明変数にすることになります．
したがって CGM を行うと，横軸上の位置は変わるものの，変数間の関係性には
影響がないことが分かります．よって，CGM を行ったとしても，中心化を行わ
ない場合と比べて本質的な違いはありません．しかしながら，CWC を行った場
合とは違いがありそうです．第 6 章ではこれらの点について，より深く説明して
いきます．

3.3.3　中心化後の説明変数の性質

マルチレベルモデルでは，研究課題によって CWC と CGM を使い分けます．
そのとき鍵になるのは，中心化後の説明変数の持つ意味です．

CWC は $x_{ij} - \overline{x}_{.j}$ と変換します．すると，CWC 後の説明変数の持つ意味は，
集団 j 内において他の個人よりも値がどれだけ大きいか，ということです．つま
り，集団内個人差を表す説明変数になります．このことは 2.7 節でも述べました．
　一方，CGM は $x_{ij} - \overline{x}_{..} = (x_{ij} - \overline{x}_{.j}) + (\overline{x}_{.j} - \overline{x}_{..})$ と表すことができます[*7]．
したがって，CGM 後の説明変数の個人差には，集団内の要素 $(x_{ij} - \overline{x}_{.j})$ と集団

[*7]　分散分析において，データのバラつきを群内のバラつきと群間のバラつきに分解する考え方と同じ
　　です．

間の要素 ($\bar{x}_{.j} - x_{..}$) が含まれます．前者は集団内個人差，後者は集団間の差を表しています．

以上から，CWC 後の変数は集団内の個人差のみを表すため，集団レベルの変数と相関を持たないことが分かります[*8]．一方，CGM 後の説明変数の大小が表すことがらには，集団内と集団間の 2 つの意味が含まれることも分かります．

3.4　3 種類の回帰直線の傾きの関係

図 2.2 で 3 種類の回帰直線が異なる傾きを持っていることを図示しました (図 3.2 に再掲)．ここでは，グラフ自体は同じものですが，説明のため図 2.2 をより一般化した図 3.2 を用いることにします．図 3.2 の β_w は集団内の個人間の y の違いを，集団内の個人間の x の違いで説明する回帰直線の傾き (すべての集団で共通とします)，β_g と β_b は集団ごとの 2 変数の平均を使って求めた回帰直線の傾き (β_g と β_b の違いについては後述します)，β_t は個人レベルの 2 変数をそのまま使った場合の回帰直線の傾きです．本節では，Snijders & Bosker (2012) を参考にして，3 種類の回帰直線の傾き (β_w, β_g, β_t) の関係について数理的な説明を行います．本節は付録にはしていませんが，やや難しくなっています．β_t が β_g と β_w の間の値になるという結論だけを覚えておいていただいても構いません．

2 段抽出法によって収集されたデータでは，説明変数 x_{ij} と目的変数 y_{ij} の両

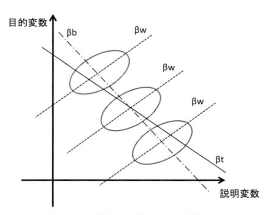

図 3.2　3 種類の変数による回帰直線

[*8]　第 6 章の付録 2 で証明を行います．

方が所属する集団の影響を受けています. そこで, x_{ij} と y_{ij} を以下のように表現します.

$$x_{ij} = \beta_{x0j} + r_{xij} \tag{3.13}$$

$$y_{ij} = \beta_{y0j} + r_{yij} \tag{3.14}$$

β_{x0j} と β_{y0j} はそれぞれの変数に関する所属集団の母平均です. そして, r_{xij} は x_{ij} と β_{x0j} の乖離を表す誤差, r_{yij} は y_{ij} と β_{y0j} の乖離を表す誤差です.

3.4.1 β_w と β_b と β_t

まず3種類の傾きを持つ回帰モデルについて説明します. はじめに β_w についてです. 集団内の個人間の y の違いを, 集団内の個人間の x の違いで説明するモデルは, $r_{xij} = x_{ij} - \beta_{x0j}$ を説明変数, $r_{yij} = y_{ij} - \beta_{y0j}$ を目的変数とした以下の単回帰モデルです.

$$y_{ij} = \beta_{y0j} + \beta_w(x_{ij} - \beta_{x0j}) + \epsilon_{ij} \tag{3.15}$$

β_w は学校内の傾き, ϵ_{ij} は誤差です. ここで, 図3.2のように β_w は j によらず共通とします.

次に, β_b について説明します. 集団間の y の違いを, 集団間の x の違いで説明するモデル[9] は,

$$\beta_{y0j} = \mu_{\beta y0} + \beta_b \beta_{x0j} + \epsilon_j \tag{3.16}$$

になります. $\mu_{\beta y0}$ は切片, β_b は集団間の傾き, ϵ_j は誤差です.

最後に, β_t について説明します. 2段抽出法の構造を考慮せず, 個人レベルの2変数をそのまま使用したモデルは,

$$y_{ij} = \mu_{y0} + \beta_t(x_{ij} - \mu_{x0}) + \epsilon_{ij}^* \tag{3.17}$$

になります. μ_{y0} と μ_{x0} はそれぞれの変数の全体平均です. β_t は集団の違いを無視して全データを使った場合の傾き, ϵ_{ij}^* は誤差です. ここで, β_t は β_b と β_w を使って,

$$\beta_t = \rho_x \beta_b + (1 - \rho_x)\beta_w \tag{3.18}$$

と表すことができます[10]. ここで ρ_x は説明変数の級内相関係数です.

---

[9] これが, パラメータによって表現された, 集団レベルの関係を調べるためのモデルです.

[10] 証明については本章付録4をご覧ください.

3. 4. 2 β_t と β_w と β_g の関係

β_b を傾きに持つ (3.16) 式には β_{x0j} と β_{y0j} が含まれています．これらは説明変数と目的変数についての集団ごとの母平均です．そこで，β_b を求める際には，β_{x0j} と β_{y0j} に標本データの集団平均 $\bar{y}_{.j}$ と $\bar{x}_{.j}$ を代入します．しかし，2.3 節でもみたように，集団平均 $\bar{y}_{.j}$ と $\bar{x}_{.j}$ は誤差を含みます．したがって，β_{y0j} と $\bar{y}_{.j}$，β_{x0j} と $\bar{x}_{.j}$ はそれぞれ同じではありません．前項に登場した β_g は標本データの集団平均 $\bar{y}_{.j}$ と $\bar{x}_{.j}$ を，それぞれ目的変数と説明変数として使った以下の回帰モデルの傾きです．

$$\bar{y}_{.j} = \mu_{\beta y} + \beta_g \bar{x}_{.j} + \epsilon_j^{**} \tag{3.19}$$

ここで，$\mu_{\beta y}$ は切片，ϵ_j^{**} は誤差です．

標本データから計算される集団平均が誤差を含む程度は，集団平均の信頼性によって表現できます．そして，説明変数 x の集団平均 $\bar{x}_{.j}$ の信頼性 λ_x を使うと，標本データから計算される集団平均間で単回帰分析を行った場合の傾きを β_g は，

$$\beta_g = \lambda_x \beta_b + (1 - \lambda_x)\beta_w \tag{3.20}$$

と表現することができます．したがって，(3.18) 式と (3.20) 式から

$$\beta_t = \frac{\rho_x}{\lambda_x}\beta_g + \left(1 - \frac{\rho_x}{\lambda_x}\right)\beta_w \tag{3.21}$$

となります．これが 3 本の回帰直線の傾きの関係です．つまり，階層性を無視して全データを使った場合の傾き β_t は，集団間の傾き β_g と集団内の傾き β_w の重みつき和になるということです．また，(2.17) 式と (3.5) 式から，$0 \le \rho_x/\lambda_x \le 1$ なので，β_t は β_g と β_w の間の値になることも分かります．

3.5　本章のまとめ

1. 複数のレベルを持つ階層性のあるデータを，階層の存在を無視して分析すると誤った結論を導いてしまう理由は，階層性のあるデータでは測定値が独立ではないからである．
2. 複数のレベルを考慮すべきか否かは，級内相関係数やデザイン効果の値，および級内相関係数の検定結果によって判断する．

3. 階層性のあるデータについて 2 変数で回帰分析を行うとき，階層性を無視して全データを使って分析する場合 (β_t) と，階層ごとに分析する場合 (β_b) と，階層ごとに平均を求めた値を使って分析する場合 (β_w) とでは，分析結果が異なる.

4. レベル 1 の説明変数の中心化には集団平均中心化 (CWC) と全体平均中心化 (CGM) の 2 つがある. 前者を行うと集団内個人差を，後者を行うと集団内個人差と集団間の差の両方を表す変数に変換される.

○付録 1　観測値の独立性に関して

ここでは，観測値の独立性についてもう少し詳しくみていきます. データ内にそれぞれで $n = 20$ の 3 つの集団があり，(3.1) 式，(3.2) 式の β_{0j} を 1，2，3 とし，(3.4) 式で与えられる r_{ij} の分散 σ^2 を 1 とした場合を想定して R によりデータを発生させ，自己相関関数を描きます. この R スクリプトを以下に示しました. 自己相関関数は，3 集団を統合したデータ (data) と，1 つめの集団のデータ (group1) について描きました (図 3.3).

自己相関関数とは，データ内で t 時点離れた値との相関係数 (自己相関係数) を，横軸を t として描いたものであり，時系列解析の基本的な統計量です. ここでは時系列データを想定してはいませんので，自己相関の大きさはデータ内で t 個離れた値との相関を表します. これを「Lag$t$ の自己相関」と呼びます.

つまり，変数 x の要素を {1 人目の値, 2 人目の値, $\cdots$}，変数 y の要素を {$1+t$ 人目の値, $2+t$ 人目の値, $\cdots$} としたときの x と y の相関が，ここでの自己相関です. 図 3.3 の横軸が Lag$t$ の t，縦軸が自己相関を表しています. 上下の点線は 95% 信頼区間です.

```
> #データ内に 3 つの集団がある場合を想定
> set.seed(10)
>
> #集団 j の$\beta$0j
> beta1<-1
> beta2<-2
> beta3<-3
>
```

```
> #各集団のデータ．rij の分散は 1
> group1<-beta1+rnorm(20,0,1)
> group2<-beta2+rnorm(20,0,1)
> group3<-beta3+rnorm(20,0,1)
>
> data<-c(group1,group2,group3)
>
> par(mfrow=c(1,2))
> #acf は自己相関関数を表示するための関数
> acf(data,lag.max=25)
> acf(group1,lag.max=20)
```

図 3.3 の左に示した 3 つの集団を統合したデータについては，Lag5 程度であってもある程度大きな自己相関が残っていることが分かります．また，Lag15 あたりを超えると，自己相関が劇的に小さくなり，95%信頼区間内に収まるため有意でなくなることも分かります．これは，各集団では $n = 20$ であり，5 個程度離れた値は同じ集団，15 個離れた値は別の集団であることが多いからです．なお，t

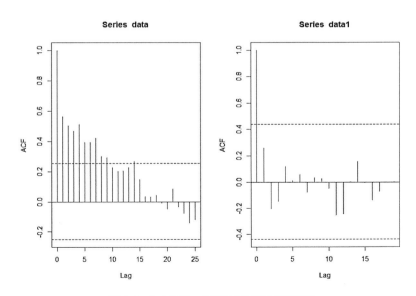

図 3.3　2 つのデータに対する自己相関関数

が 0 個離れた値との相関 (Lag0) は，自身の相関を表すので 1 になります．

一方，図 3.3 の右に示した 1 つめの集団の自己相関関数は Lag1 でも自己相関は小さな値になっています．自己相関は 95% 信頼区間内に収まるため有意でもありません．つまり，1 つめの集団内であれば自己相関はないといえます．

それでは，なぜ同じ集団の中では自己相関がないのでしょうか．それは同じ集団内であれば，(3.1) 式，(3.2) 式の β_{0j} が同じ値だからです．このとき，同じ集団内の観測値間の相関は r_{ij} と $r_{i'j}$ との相関であり期待値は 0 になります．つまり，3.1 節で取り上げた観測値の独立性とは，分析するデータ内に異なる集団が複数存在するときに問題になるのです．

○付録 2　級内相関係数の信頼区間

R の関数 ICCest には信頼区間の求め方として Smith と THD があります．先ほどは Smith によって信頼区間を求めました (3.1 節)．これは，95% 信頼区間ならば，推定値 $\pm 1.96 \times$ 標準誤差 で求めることができます．よくある信頼区間の求め方です．この方法では大標本に基づく漸近理論によって求まる (3.6) 式の標準誤差を使っています．

一方，求め方を Searle (1971) による THD とすれば，より正確な信頼区間を求められます．それは，

$$MS_B = \tau_{00} + \frac{\sigma^2}{n} \tag{3.22}$$

$$MS_E = \frac{\sigma^2}{n} \tag{3.23}$$

$$F = \frac{MS_B}{MS_E} \tag{3.24}$$

$$v1 = N(n-1) \tag{3.25}$$

$$v2 = N - 1 \tag{3.26}$$

として [*11]，

$$F_L = \frac{F}{F_{1-\alpha/2,v2,v1}} \tag{3.27}$$

$$F_U = F \times F_{1-\alpha/2,v1,v2} \tag{3.28}$$

[*11]　(3.22) 式と (3.23) 式は分散分析の平均平方との関係を表しています．下ツキの B は集団間 (between の B)，E は集団内 (誤差，error の E) を表します．$v1$ と $v2$ は自由度です．

を計算し,

$$上限 = \frac{F_L - 1}{F_L + n - 1} \tag{3.29}$$

$$下限 = \frac{F_U - 1}{F_U + n - 1} \tag{3.30}$$

によって求めることができます. とても大変なそうな計算ですが, R で求めるのは簡単です.

```
> ICCest(as.factor(schoolID),post1,data=data1,
+ alpha=0.05,CI.type=("THD"))
>
$ICC
[1] 0.2774514

$LowerCI
[1] 0.2090338

$UpperCI
[1] 0.3760759

$N
[1] 50

$k
[1] 100

$varw
[1] 140.2584

$vara
[1] 53.8578
```

$LowerCI と $UpperCI とをみると, 学校データでは, 信頼区間は $0.209 \sim 0.376$ となり, Smith の方法 $(0.196 \sim 0.360)$ よりも若干広くなりました.

○付録 3　級内相関係数の値の影響

ここでは，Hox (2010) で示された級内相関係数の効果量の基準 (小 = 0.05，中 = 0.10，大 = 0.15) それぞれでシミュレーションを行い，データに階層性があることを無視して分析した場合の推定値のバイアスを調べます[*12]．シミュレーションにおける真のモデルは，以下のマルチレベルモデル

$$y_{ij} = \beta_{0j} + \beta_{1j}(x_{ij} - \overline{x}_{.j}) + r_{ij} \tag{3.31}$$

$$\beta_{0j} = \gamma_{00} + \gamma_{01}\overline{x}_{.j} + u_{0j} \tag{3.32}$$

$$\beta_{1j} = \gamma_{10} + u_{1j} \tag{3.33}$$

とします[*13]．また，パラメータの真値や分布を $\gamma_{00} = 10$，$\gamma_{01} = -10$，$\gamma_{10} = 10$，$r_{ij} \sim N(0, \sqrt{10})$，$u_{0j} \sim N(0, \sqrt{2})$，$u_{1j} \sim N(0, \sqrt{2})$ とします．さらに，説明変数については，

$$x_{ij} = \beta_{x0j} + r_{xij} \tag{3.34}$$

として，$\beta_{x0j} \sim N(0, \tau_{x00})$，$r_{xij} \sim N(0, \sqrt{5})$ とします．τ_{x00} は $\sqrt{1.2}$，$\sqrt{1.7}$，$\sqrt{2.2}$ の 3 通りで真のモデル (マルチレベルモデル) からデータを発生させます[*14]．集団サイズは $N = 50$ とし，各集団内の個人は $n = 100$ または 10 の 2 通りとします．以上から，シミュレーションは 6 通りとなります．各 6 通りについて 1000 回のデータ発生を行いました．

分析モデルは (3.31) 式から (3.33) 式の真のモデル，階層性を無視して x_{ij} と y_{ij} をそれぞれ説明変数と目的変数とした (3.17) 式の単回帰モデル，集団平均 $\overline{x}_{.j}$ と $\overline{y}_{.j}$ それぞれを説明変数と目的変数とした (3.19) 式の単回帰モデルの 3 通りです．

(3.17) 式の単回帰モデルの傾き β_t を γ_{10} の推定量，(3.19) 式の単回帰モデルの傾き β を γ_{01} の推定量とみなして分析すると，どの程度のバイアス (推定値と真

[*12]　付録 3 には第 4 章や第 5 章で本格的に説明されることがらも登場します．それらについてもここで説明しますが，第 5 章まで読んだ後で再読すると効果的です．

[*13]　(3.32) 式は集団ごとに異なる切片 β_{0j} が説明変数の集団平均 $\overline{x}_{.j}$ によって説明されることを表しています．γ_{00} は切片，u_{0j} は誤差項です．また，(3.33) 式は集団ごとに異なる傾き β_{1j} が，その期待値 γ_{10} と誤差項 u_{1j} の和になっていることを表しています．

[*14]　本節の真のモデルのもとでは，説明変数の τ_{x00} が大きくなると，説明変数の級内相関係数とともに，目的変数の級内相関係数も大きくなります．級内相関係数の大きさのチェックは，通常目的変数について行います．また，これらの真値は推定される級内相関係数が概ね 0.05，0.10，0.15 になることを狙って設定しました．

付　　録　　49

値との系統的なズレ) が生じるでしょうか. (3.17) 式と (3.19) 式を再掲します.

$$y_{ij} = \mu_{y0} + \beta_t(x_{ij} - \mu_{0x}) + \epsilon_{ij}^* \tag{3.17}$$

$$\bar{y}_{.j} = \mu_{\beta y} + \beta_g \bar{x}_{.j} + \epsilon_j^{**} \tag{3.19}$$

表 3.3 に結果を示しました. 表中の ρ_y は目的変数の級内相関係数, λ_y は目的変数の集団平均の信頼性, ρ_x は説明変数の級内相関係数, λ_x は説明変数の集団平均の信頼性のそれぞれ 1000 回の繰り返しに関する平均です. また, γ_{10} は真のモデルで分析した場合の γ_{10} のバイアス, γ_{01} は真のモデルで分析した場合の γ_{01} のバイアス, γ_{10}^* は (3.17) 式のモデルで分析した場合の γ_{10} のバイアス, γ_{01}^* は (3.19) 式のモデルで分析した場合の γ_{01} のバイアスです.「収束」は 1000 回中, 最適化計算が収束し, 分散が正に推定された回数です. ρ_y から γ_{01}^* は (3.31) 式から (3.33) 式の真のモデル (マルチレベルモデル) の分析が収束したケースのみで計算しました. バイアスは収束したケースにおける推定値−真値の平均として計算しました.

表 3.3　ICC を変化させたときのシミュレーション結果

| n | τ_{x00} | ρ_y | λ_y | ρ_x | λ_x | ρ_x/λ_x | バイアス | | | | 収束 |
							γ_{10} 真	γ_{01} 真	γ_{10}^* (3.17)	γ_{01}^* (3.19)	
100	$\sqrt{1.2}$	0.05	0.83	0.05	0.84	0.06	-0.01	0.02	-1.26	0.02	951
100	$\sqrt{1.7}$	0.10	0.91	0.10	0.91	0.11	-0.02	0.02	-2.20	0.02	952
100	$\sqrt{2.2}$	0.15	0.94	0.16	0.95	0.17	-0.02	0.01	-3.33	0.01	950
10	$\sqrt{1.2}$	0.05	0.31	0.05	0.34	0.15	-0.01	0.00	-2.98	0.00	620
10	$\sqrt{1.7}$	0.09	0.48	0.10	0.51	0.19	0.01	0.00	-3.81	-0.01	628
10	$\sqrt{2.2}$	0.15	0.62	0.16	0.64	0.24	0.01	0.00	-4.83	-0.01	635

まず $n = 100$ の場合をみてください. $\tau_{x00} = \sqrt{1.2}, \sqrt{1.7}, \sqrt{2.2}$ の場合, それぞれで $\rho_y = 0.05, 0.10, 0.15$ と推定されました [*15)]. 真のモデル (マルチレベルモデル) で分析した場合の γ_{10} と γ_{01} のバイアスはほぼ 0 です. しかし, (3.17) 式のモデルで分析した場合の γ_{10} のバイアス (γ_{10}^*) は -1.26, -2.20, -3.33 になっており, 真値 10 よりも平均的に小さめに推定されています. これは, (3.21)

[*15)] これは, Hox (2010) の基準と同じです.

式で示したように，β_t は β_g と β_w の間の値として推定され，ρ_x/λ_x の値が大きいほど β_g に近くなるからです．

ここでは，$\rho_x/\lambda_x = 0.06, 0.11, 0.17$ となっており，ρ_x/λ_x は大きくありません．その場合には，β_t は β_g の影響を少しだけ受けます．β_g は -10，β_w は 10 と考えることができるので [*16]，β_t はマイナス方向にバイアスを受けることになります．

また γ_{01} については，(3.19) 式のモデルで分析した場合でもバイアスはほぼありません（表 3.3 の γ_{01}^* の値をみてください）．これは，λ_x と λ_y が 0.83 以上で集団平均の信頼性が高いため，標本データから求まる集団平均を真の集団平均とみなしてもそれほど問題はないからです．最後に，$n = 100$ の場合，95%以上の割合で収束しており，収束状況に関して大きな問題はないといえます．

次に $n = 10$ の場合をみてください．$\tau_{x00} = \sqrt{1.2}, \sqrt{1.7}, \sqrt{2.2}$ の場合それぞれで $\rho_y = 0.05, 0.09, 0.15$ と推定されました．$n = 100$ の場合との違いは，γ_{10} のバイアス（γ_{10}^*）が -2.98，-3.81，-4.83 と大きくなっていることです．$n = 10$ というのは，集団内の個人が 10 人しかいないことを意味します．そのため，表 3.3 にも示されているように説明変数の集団平均の信頼性 λ_x が小さくなります（0.34，0.51，0.64）．そのため，ρ_x/λ_x は $n = 100$ の場合よりもやや大きくなります（0.15，0.19，0.24）．そのため，β_t はマイナス方向のバイアスをより強く受けることになります．

また，λ_x と λ_y は 1 ではないものの，$n = 100, 10$ いずれの場合でも x と y の集団平均を使って (3.19) 式で分析した場合の傾きは，γ_{01} としてほぼバイアスなく推定されています（表 3.3 の γ_{01}^* の値をみてください）．しかし，表には示していませんが，$n = 10$ の場合には β_g の標準誤差が大きくなります（$\tau_{x00} = \sqrt{1.2}, \sqrt{1.7}, \sqrt{2.2}$ の場合それぞれで，$n = 100$ のときは 0.02，0.02，0.01，$n = 10$ のときは 0.08，0.07，0.06 でした）．また，マルチレベルモデルでは，$n = 10$ の場合には，分散が正に推定されないなど，収束に関する問題が 40%近くのケースで起きていることも分かります．

以上をまとめると，まず，$\rho_y = 0.05$ 程度であっても，このシミュレーションの状況では (3.17) 式のモデルで分析すると，真値 10 に対して [*17] 平均的に -1.25

[*16]　β_g については (3.32) 式と (3.19) 式の対応から真値は -10 と考えることができます．(3.33) 式を (3.31) 式に代入すると，$x_{ij} - \overline{x}_{.j}$ の係数が γ_{10} になります．(3.15) 式においては $x_{ij} - \overline{x}_{.j}$ の係数は β_w になっています．γ_{10} の真値は 10 なので，β_w も 10 と考えることができます．

[*17]　真値は $\gamma_{01} = -10$，$\gamma_{10} = 10$ と設定していました．

程度のバイアスが生じることが分かりました．そして，そのバイアスは n が小さいときには大きくなります．また，$n = 10$ であっても，(3.19) 式のモデルで分析をした場合には γ_{01}^* の値は小さく，バイアスは少ないことが分かりました．しかし，n が小さい場合には，収束に関する問題がしばしば発生します．

したがって，Hox (2010) の基準では効果量小とされている $\rho_y = 0.05$ 程度であっても，収束に問題がないのであればマルチレベルモデルを使った方がよいといえます．ただし，この結果は，本節のシミュレーションの状況のみで成り立つことに留意してください．

○付録4 (3.18) 式の証明

本節では，3.4 節の 3 種類の回帰直線の傾きの関係について述べた際に触れた (3.18) 式，つまり $\beta_t = \rho_x \beta_b + (1 - \rho_x)\beta_w$ を証明します．β_t，β_b，β_w が傾きとして表現されている，(3.17) 式，(3.16) 式，(3.15) 式を再掲します．

$$y_{ij} = \mu_{y0} + \beta_t(x_{ij} - \mu_{x0}) + \epsilon_{ij}^* \tag{3.17}$$

$$\beta_{y0j} = \mu_{\beta y0} + \beta_b \beta_{x0j} + \epsilon_j \tag{3.16}$$

$$y_{ij} = \beta_{y0j} + \beta_w(x_{ij} - \beta_{x0j}) + \epsilon_{ij} \tag{3.15}$$

また，(3.13) 式と (3.14) 式についても再掲します．

$$x_{ij} = \beta_{x0j} + r_{xij} \tag{3.13}$$

$$y_{ij} = \beta_{y0j} + r_{yij} \tag{3.14}$$

ここで，$Cov(\beta_{x0j}, r_{xij}) = 0$ と $E[r_{xij}] = 0$ を仮定すると，(3.13) 式から以下が成り立ちます．

$$\mu_{x0} = E[x_{ij}] = E[\beta_{x0j} + r_{xij}] = E[\beta_{x0j}] + E[r_{xij}] = E[\beta_{x0j}] \tag{3.35}$$

β_t，β_b，β_w はそれぞれ以下のように表すことができます．

$$\beta_t = \frac{Cov(x_{ij} - \mu_{x0}, y_{ij})}{V(x_{ij} - \mu_{x0})} = \frac{Cov(x_{ij}, y_{ij})}{V(x_{ij})}$$

$$= \frac{Cov(\beta_{x0j}, \beta_{y0j}) + Cov(x_{ij} - \beta_{x0j}, y_{ij} - \beta_{y0j})}{V(x_{ij})} \tag{3.36}$$

$$\beta_b = \frac{Cov(\beta_{x0j}, \beta_{y0j})}{V(\beta_{x0j})} \tag{3.37}$$

$$\beta_w = \frac{Cov(x_{ij} - \beta_{x0j}, y_{ij} - \beta_{y0j})}{V(x_{ij} - \beta_{x0j})} \tag{3.38}$$

まず，(3.36) 式が成り立つことを証明しましょう．μ_{x0} は定数なので，(3.36) 式において，$V(x_{ij} - \mu_{x0}) = V(x_{ij})$ が成り立ちます．同じ理由によって $Cov(x_{ij} - \mu_{x0}, y_{ij}) = Cov(x_{ij}, y_{ij})$ も成り立ちます．

次に，(3.36) 式の $Cov(x_{ij}, y_{ij}) = Cov(\beta_{x0j}, \beta_{y0j}) + Cov(x_{ij} - \beta_{x0j}, y_{ij} - \beta_{y0j})$ を証明します．そのために，(3.13) 式と (3.14) 式を利用して $Cov(x_{ij}, y_{ij})$ を展開します．

$$\begin{aligned}
Cov(x_{ij}, y_{ij}) &= Cov(\beta_{x0j} + r_{xij}, \beta_{y0j} + r_{yij}) \\
&= Cov(\beta_{x0j}, \beta_{y0j}) + Cov(\beta_{x0j}, r_{yij}) \\
&\quad + Cov(r_{xij}, \beta_{y0j}) + Cov(r_{xij}, r_{yij}) \\
&= Cov(\beta_{x0j}, \beta_{y0j}) + Cov(x_{ij} - \beta_{x0j}, y_{ij} - \beta_{y0j}) \tag{3.39}
\end{aligned}$$

ここで，$Cov(\beta_{x0j}, r_{yij}) = 0$，$Cov(r_{xij}, \beta_{y0j}) = 0$ であることは，第 6 章の付録 1 で証明するように，CWC 後の変数（ここでは $r_{xij} = x_{ij} - \beta_{x0j}$ と $r_{yij} = y_{ij} - \beta_{y0j}$）は，レベル 2 の変数（ここでは β_{x0j} と β_{y0j}）と無相関であることから成り立ちます．以上で，証明すべき $\beta_t = \rho_x \beta_b + (1 - \rho_x)\beta_w$ の左辺について，(3.36) 式が成り立つことが証明されました．

次に，証明すべき $\beta_t = \rho_x \beta_b + (1 - \rho_x)\beta_w$ の右辺が (3.36) 式に等しくなることを証明します．

まず，

$$\begin{aligned}
V(x_{ij}) = V(x_{ij} - \mu_{0x}) &= V(x_{ij} - \beta_{x0j}) + V(\beta_{x0j} - \mu_{0x}) \\
&= V(x_{ij} - \beta_{x0j}) + V(\beta_{x0j}) \tag{3.40}
\end{aligned}$$

が成り立ちます．$V(x_{ij} - \mu_{0x}) = V(x_{ij} - \beta_{x0j}) + V(\beta_{x0j} - \mu_{0x})$ については，これも第 6 章の付録 1 で証明するように，CWC 後の変数は，レベル 2 の変数と無相関であることから成り立ちます．また，$V(\beta_{x0j} - \mu_{0x}) = V(\beta_{x0j})$ は，μ_{0x} が定数であることから成り立ちます．(3.40) 式から，

$$V(x_{ij}) - V(\beta_{x0j}) = V(x_{ij} - \beta_{x0j}) \tag{3.41}$$

であることも分かります．

また，変数 x の集団平均の信頼性は，

$$\rho_x = \frac{V(\beta_{x0j})}{V(x_{ij})} \tag{3.42}$$

となります．(3.37) 式，(3.38) 式，(3.41) 式，(3.42) 式を利用すると，$\rho_x \beta_b + (1 - \rho_x)\beta_w$ は，

$$
\begin{aligned}
\rho_x \beta_b + (1 - \rho_x)\beta_w &= \frac{V(\beta_{x0j})}{V(x_{ij})} \frac{Cov(\beta_{x0j}, \beta_{y0j})}{V(\beta_{x0j})} \\
&\quad + \frac{V(x_{ij}) - V(\beta_{x0j})}{V(x_{ij})} \frac{Cov(x_{ij} - \beta_{x0j}, y_{ij} - \beta_{y0j})}{V(x_{ij} - \beta_{x0j})} \\
&= \frac{Cov(\beta_{x0j}, \beta_{y0j})}{V(x_{ij})} + \frac{Cov(x_{ij} - \beta_{x0j}, y_{ij} - \beta_{y0j})}{V(x_{ij})} \\
&= \frac{Cov(\beta_{x0j}, \beta_{y0j}) + Cov(x_{ij} - \beta_{x0j}, y_{ij} - \beta_{y0j})}{V(x_{ij})} \\
&= \beta_t \tag{3.43}
\end{aligned}
$$

と変形されます．以上から，$\beta_t = \rho_x \beta_b + (1 - \rho_x)\beta_w$ が証明されました．

文　　　献

1) Smith, C. A. B. (1957). On the estimation of intraclass correlation. *Annals of Human Genetics*, **21**, pp.363–373.
2) Hox, J. (2010). *Multilevel Analysis: Techniques and Applications* (2nd ed.). Routledge Academic.
3) Searle, S. R. (1971). *Linear Models*. Wiley.
4) Snijders, T. A. B. & Bosker, R. J. (2011). *Multilevel Analysis: An Introduction to Basic and Advanced Multilevel Modeling* (2nd ed.). SAGE Publications.
5) 鈴木雅之 (2015). 「学習方略の使用に対する学習動機づけの効果は教師の指導次第?」. 荘島宏二郎 (編) 計量パーソナリティ心理学, ナカニシヤ出版, pp.169–184.

4

ランダム切片モデル

　第 1 章で登場した学校データを用いて解説しましょう[*1)]．ここでは，教育の事前の学力が事後の学力をどの程度説明するか，そしてその影響は学校間で異なるか，を明らかにする目的で，学校ごとにプレテストを説明変数，ポストテストを目的変数とする単回帰分析を適用します．このとき，回帰モデルの切片 β_{0j} が学校間で等しいと仮定することは難しいでしょう．なぜなら，プレテストの得点が同じ生徒でも所属している学校の教育の手厚さなどによってポストテストの得点は変動すると考えられるからです (図 4.1 参照).

　この切片 β_{0j} が正規分布に従って確率変動すると仮定し，その母平均と母分散に関して推測するというのが本章で解説するランダム切片モデル (random intercept model) の基本的なアイデアです．図 4.1 ではランダムに変動する切片 β_{0j} につ

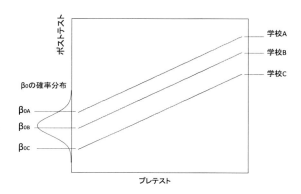

図 4.1　ランダム切片モデルの概念図 (RANCOVA モデル)

---

*1)　第 1 章では小学校の児童のテストの成績のデータとして扱われていましたが，本章と次の第 5 章では高校の生徒の模擬試験の成績として扱うことにします．また，第 4 章と第 5 章では，説明の都合上，高校を 1 次抽出単位，生徒を 2 次抽出単位として例示していきます．

いて 3 校分を抽出して表示しています.

ランダム切片モデルは数理的には単純です．しかし，説明変数の中心化の議論(第 6 章参照) と関連させると，この単純なモデルでさえ，モデル構成や結果の解釈における留意点が非常に多くなり，特に，パラメータの解釈を誤る可能性が高くなります．より複雑なモデルの学習に先だち，中心化と関連させてランダム切片モデルを確実に理解しておく必要があります．

本章では 2 段抽出法を適用した状況を前提に，ランダム切片モデルの解説を行います．また，モデルの成り立ちやパラメータの意味，結果の解釈法の他に，R による実践法についても説明します．

4.1 ランダム切片モデルの種類

最初に，本章で解説する 4 つのモデルについて概観します．モデルと分析目的の対応について表 4.1 にまとめました．

表 4.1 モデルと分析目的の対応

節	モデル	分析目的
4.2	ランダム効果の分散分析モデル (ANOVA モデル)	級内相関係数，デザイン効果の推定
4.3	ランダム効果の共分散分析モデル (RANCOVA モデル)—個人レベル効果の推定—	①説明変数の影響を統制した上でのランダム切片の分散の推定，②説明変数の個人レベル効果を推定
4.4	平均に関する回帰モデル—集団レベル効果の推定—	説明変数の集団レベル効果を推定
4.5	集団・個人レベル効果推定モデル	説明変数の集団レベル効果と個人レベル効果の両方を推定・比較

ランダム効果の分散分析モデル：手元の観測値が独立性の仮定を満たすかについて検討したいときには，このモデルを利用して，第 3 章で解説した級内相関係数やデザイン効果の推定値を求めることができます．このモデルはさらに複雑なモデルを評価する際の比較基準となるため，他のモデルに先立ち実行します (4.2 節参照)．

ランダム効果の共分散分析モデル：このモデルは 2 つの目的に利用できます．

1つめは通常の共分散分析の拡張的手法として利用する場合です．具体的には説明変数 (共変量) の影響を統制した上で，集団ごとの効果やその分散を推定します．2つめはレベル1の説明変数における集団内での個人の位置と，レベル1の目的変数における個人の位置との対応を検討したい場合です．たとえば「集団内で勉強時間が相対的に長い人は学力テストにおける成績も良い傾向にある」ということが，学校の区別を超えて成り立っているかを検討するときに利用します．後者の目的に対応する分析を本書では「個人レベル効果の推定」と呼びます (4.3節参照).

平均に関する回帰モデル：このモデルは，たとえば各学校のプレテストの平均で，各学校のポストテストの平均を予測する場合に利用できます．つまり，レベル2の説明変数によって目的変数の集団別平均 (レベル2変数) を予測するというモデルです．もちろん，2段抽出の状況を配慮したマルチレベルモデルなので，集団別に集計されたデータ (たとえば平均) を使った回帰モデルとは区別して考えます．このモデルを利用した分析を本書では「集団レベル効果の推定」と呼びます (4.4節参照).

集団・個人レベル効果推定モデル：このモデルは個人レベル効果の推定モデルと集団レベル効果の推定モデルを統合したものです．同一説明変数の集団と個人の両レベルの効果を同時に推定することから，2段抽出データが持つ情報を最大限生かして考察できるという特徴があります (4.5節参照).

4.2　ランダム効果の分散分析モデル (ANOVA モデル)

3.1節で解説したように観測値に独立性の仮定が満たされていないことはマルチレベルモデルを適用する動機づけとなります．そこで分析の冒頭では級内相関係数やデザイン効果の推定値を確認しておく必要があります．この推定には，要因を変量要因 [*2] としたランダム効果の分散分析モデル (analysis of variance, ANOVA) を利用します．以降では，本モデルを単に ANOVA モデルと表記します．

[*2]　母集団から無作為に集団を抽出し要因の水準とする場合には，その要因は固定要因ではなく変量要因とみなして，ランダム効果の分散分析モデルを適用します．この分析では変量要因によって説明される目的変数の分散成分の推定が目的となります．

4.2.1 モデルの表現

集団 j (以下, 学校 j) の個人 i (以下, 生徒 i) の目的変数 (ポストテスト) を y_{ij} とするとき, ANOVA モデルは以下のようになります [3].

レベル 1:

$$y_{ij} = \beta_{0j} + r_{ij} \tag{4.1}$$

$$r_{ij} \sim N(0, \sigma^2) \tag{4.2}$$

(4.1) 式は第 2 章でみた (2.5) 式と同じものであることに注意してください. (4.1) 式中の β_{0j} は確率的に変動する学校の平均を表現しており「ランダム切片」(random intercept) と呼ばれます. (4.2) 式はレベル 1 の誤差 r_{ij} に関する正規分布で, その平均は 0, 分散は σ^2 です.

β_{0j} はさらに (4.3) 式のように分解できます.

レベル 2:

$$\beta_{0j} = \gamma_{00} + u_{0j} \tag{4.3}$$

$$u_{0j} \sim N(0, \tau_{00}) \tag{4.4}$$

ここで γ_{00} は定数であり学校の区別によらない目的変数の期待値を表現しています. 一方, u_{0j} は変数であり, γ_{00} を中心に確率的に変動する学校 j の効果を表現しています. u_{0j} は正規分布に従い, その平均は 0, 分散は τ_{00} です.

マルチレベルモデルの文脈では, γ_{00} のように集団によって変動しない回帰式中の効果パラメータを「固定効果」(fixed effect) と呼びます. 一方, u_{0j} のように集団によって変動する効果パラメータを「ランダム効果」(random effect) と呼びます. (4.3) 式を u_{0j} について解くと

$$u_{0j} = \beta_{0j} - \gamma_{00} \tag{4.5}$$

であり, 定数 γ_{00} からの β_{0j} のズレが u_{0j} であることが分かります.

また, τ_{00} はランダム効果の分散ですが, マルチレベルモデルの文脈では, σ^2 も含めて, これらを「ランダムパラメータ」(random parameter) と呼びます.

図 4.2 に ANOVA モデルにおける固定効果 γ_{00} とランダム効果 u_{0j} の関係を図

---

[3] 以後, レベル 1 のモデルを表現する場合には, 数式の前に「レベル 1:」と記述します. 同様に, レベル 2 のモデルを表現する場合には,「レベル 2:」と記述します.

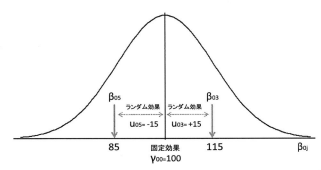

図 4.2 ANOVA モデルにおける固定効果とランダム効果

示しました．横軸が両パラメータの和である β_{0j} となっていることに注意してください．図では，学校 5 のランダム切片 β_{05} を 85，固定効果 γ_{00} を 100 としています．この場合，学校 5 のランダム効果 u_{05} は -15 となります．学校 3 については，ランダム効果 u_{03} が 15 であり，これに固定効果 $\gamma_{00}=100$ が加算され切片 β_{03} が 115 となっています．

β_{0j} の分布は正規分布であり，(4.3) 式と (4.4) 式からその平均と分散はそれぞれ γ_{00} と τ_{00} となります．

表 4.2 はモデルに登場するパラメータの一覧です．以降の適用例では固定効果とランダムパラメータの推定結果を中心に解説しています．

表 4.2 ANOVA モデルに登場するパラメータ

固定効果	ランダム効果	ランダムパラメータ
γ_{00}	u_{0j}	τ_{00}, σ^2

4.2.2 級内相関係数の推定

ANOVA モデルの期待値と分散は次のようになります．

$$E[y_{ij}] = \gamma_{00}, \quad V[y_{ij}] = \tau_{00} + \sigma^2 \tag{4.6}$$

(4.6) 式を用いて級内相関係数は

$$\rho = \frac{\tau_{00}}{\tau_{00} + \sigma^2} \tag{4.7}$$

で求めることができます．実際には τ_{00} も σ^2 も未知ですから，ANOVA モデルを実行し，その推定値 $\hat{\tau}_{00}$ と $\hat{\sigma}^2$ から級内相関係数の推定値 $\hat{\rho}$ を求めます．

4.2.3 適 用 例

学校データに含まれるポストテストを目的変数として，ANOVA モデルを適用します．推定値の算出には R のパッケージ lmerTest に含まれる関数 lmer を利用します [4]．以下が ANOVA モデルを推定する lmer のスクリプトです．

```
> library(lmerTest)
> data1<-read.csv("学校データ.csv")
> anovamodel<-lmer(post1~(1|schoolID),data=data1,REML=FALSE)
```

関数の引数として与えている方程式 post1~(1|schoolID) によって，ポストテスト (post1) が学校の違い (schoolID) によって説明されていることを表現しています．チルダ (~) の左辺が目的変数，右辺が説明変数群となります．

(1|schoolID) は切片が学校ごとに異なるというランダム切片の仮定を表現しています．1 は切片を表現しています．

REML=FALSE とすることで，パラメータの推定法として最尤法を指定します．デフォルトは REML=TRUE であり，制限つき最尤推定法 (restricted maximum likelihood estimation method, REML) が選択されます．本章では最尤法の推定値を利用して解説を行います [5]．

本例ではオブジェクト anovamodel に lmer の推定結果が収められています．推定結果の要約を表示させるためには関数 summary を利用します．出力を上から確認していくと，まず Random effects: の部分でランダムパラメータ τ_{00} と σ^2 の推定値が表示されています．

```
> summary(anovamodel)
-- 一部省略 --
Random effects:
 Groups   Name        Variance  Std.Dev.
 schoolID (Intercept)    52.75    7.263
 Residual              140.26    11.843
```

---

[4] 第 5 章の付録に関数 lmer におけるモデル記法の詳細な説明があります．初学者の方はこのまま読み進めてください．

[5] 推定法の詳細については『実践編』第 6 章を参照してください．

```
-- 続く --
```

　schoolID(Intercept) は学校ごとの切片 β_{0j} を表現しており，Variance には
その分散の推定値 $\hat{\tau}_{00}$ が 52.75 と表示されています．同様に Residual はレベル
1 の誤差項 r_{ij} を表現しており，その分散の推定値 $\hat{\sigma}^2$ が 140.26 と表示されてい
ます．Std.Dev. は標準偏差を表現しており，$7.263^2 \doteqdot 52.75$ という関係が成り
立っています．

　分散の推定値について小数点第 4 位までの出力を得るためには，先に，パッケー
ジ lmerTest に含まれる関数 VarCorr を利用して，小数点第 4 位までの標準偏差
を求めます．

```
> VarCorr(anovamodel)
 Groups    Name         Std.Dev.
 schoolID (Intercept)   7.2631
 Residual               11.8431
```

　この標準偏差を二乗し小数点第 2 位まで表示した数値が，関数 summary の出力
の Variance 部分に記載されています．数値の丸め誤差の都合上，Std.Dev. を二
乗しても，Variance の値にならない場合がありますので，そのような場合には
関数 VarCorr の出力から計算するとよいでしょう．

　続く summary の出力では，Fixed effects: の部分で固定効果 γ_{00} の推定値が
記載されています．

```
-- 出力続き --
Fixed effects:
             Estimate  Std. Error  t value
(Intercept)  126.150       1.041     121.2
```

　(Intercept) が γ_{00} を表現しており，その推定値が Estimate の部分に 126.150
と記載されています．Std. Error はその標準誤差であり，分析結果から 1.041 と

4.2 ランダム効果の分散分析モデル (ANOVA モデル)   *61*

なっています. t value (t 値) は固定効果に関する検定に必要な情報です. 固定
効果の推定値について, 小数点第 4 位までの出力を得るにはパッケージ lmerTest
に含まれる関数 fixef を利用します. また, 標準誤差を得るためにはパッケージ
arm の関数 se.fixef を利用します.

```
> fixef(anovamodel)
(Intercept)
   126.1504

> library(arm)
> se.fixef(anovamodel)
(Intercept)
   1.040723
```

パラメータの区間推定には, パッケージ stats の関数 confint が利用できま
す [*6)]. 以下の例では, 引数に level=.95, method="Wald"と指定してパラメー
タに関する 95% 信頼区間を推定しています.

```
> confint(anovamodel,level=.95,method="Wald")
                2.5 %      97.5 %
.sig01             NA          NA
.sigma             NA          NA
(Intercept)  124.1106    128.1902
```

パラメータは, 関数 summary の Random effects:, Fixed effects:の順に表
示されています. .sig01 は $\sqrt{\tau_{00}}$ を, .sigma は $\sqrt{\sigma^2}$ をそれぞれ表現していま
す. ランダムパラメータには標準誤差が算出されないため, 信頼区間も定義され
ません [*7)].

以上の R の出力を表 4.3 にまとめました [*8)].

[*6)] パラメータの区間推定については『実践編』第 6 章を参照してください.

[*7)] 詳細については『実践編』第 6 章を参照してください.

[*8)] 今後, 表に掲載する数値は, 関数 VarCorr や関数 fixef, se.fixef, confint で得られた結果
を, 小数点第 3 位まで表示しているものなので注意してください.

表 4.3 ANOVA モデルの推定値

パラメータ	γ_{00}	τ_{00}	σ^2	ρ
推定値	126.150	52.753	140.259	0.273
SE	1.041			
95%CI	[124.111, 128.190]			

表 4.3 から級内相関係数の推定値 $\hat{\rho}$ は 0.273 であり，目的変数の全分散のうち，約 27.3% が学校要因によって説明できると解釈できます．データの階層性を無視して分析することは難しく，マルチレベルモデルを適用すべき状況といえます．級内相関係数の情報を用いて第 3 章で解説したデザイン効果を推定したところ

$$\text{デザイン効果の推定値} = 1 + (100 - 1)0.273 = 28.027 \tag{4.8}$$

となりました．パラメータの標準誤差は単純無作為抽出を利用したときの 28.027 倍となっていると解釈できます．

4.3 ランダム効果を伴う共分散分析モデル (RANCOVA)

ANCOVA 入門

まず，通常の共分散分析 (analysis of covariance, ANCOVA) について解説を行います．ANCOVA を利用する典型的な状況は次のようなときです．

- 各学校の教育効果を学年末に実施する全国模試の平均得点を利用して推測したいのだが，学年開始時に学校間で生徒の学力水準に差があるため，学校間での全国模試の得点差に教育効果のみが反映されているとは言い難い．事前の学力水準の影響を除いた (統制した) 上で，模試平均得点の差を比較したい．
- 新しく開発したダイエット薬の効果を検証するため，実験群には 2 週間の新薬の投与を，対照群には 2 週間の偽薬の投与を行った．そして事前事後での平均体重減少量を比較することでダイエット薬の効果について言及したいのだが，両群にはダイエットに対する意欲が異なる人が集まっている可能性があり，平均体重減少量に新薬の効果のみが反映されているとは言い難い．事前のダイエットに対する意欲の影響を除いた (統制した) 上で，平均体重減少量の比較をしたい．

ANCOVA とは目的変数と相関を持つ説明変数 (ANCOVA の文脈では「共変量」と呼ばれます) の影響を統制した上で，集団の効果 (集団間の母平均の差) を

4.3 ランダム効果を伴う共分散分析モデル (RANCOVA)　63

検討したいときに用いられる統計手法です [*9].

　以下では，上述の学校の例を利用して ANCOVA モデルについて解説します．登場する学校は 2 校であり，学校 A に所属する生徒と学校 B に所属する生徒について学年末の全国模試 (ポストテスト) の平均点の差を考察することを考えます．このとき，学校 A の生徒が他方よりも，もともと学力において高い水準にある場合，ポストテストの平均点に事前の能力の偏りが影響してしまうため，比較が難しくなります．もし事前の学力が学年開始時に実施される全国模試 (プレテスト) によって測定されているならば，これを説明変数とした ANCOVA を適用することで，2 つの学校の効果について妥当に考察できるようになります．

　図 4.3 は ANCOVA モデルの概念図です．ポストテスト y における 2 つの学校平均 μ_{yA}^* と μ_{yB}^* とに差があるかどうかについて興味があるという状況を示しています．σ^{2*} は統制前のポストテストの分散です．プレテストの全体平均からの偏差 $(x_{ij} - \bar{x}_{..})$ が共分散分析における説明変数です．この説明変数を 0 と条件づけたポストテストの学校平均が μ_{yA} と μ_{yB} となっていることを確認してください [*10].

　ここで，2 つの学校でそれぞれプレテストの得点 x_{ij} が全体平均 $\bar{x}_{..}$ と同じ生徒についてみると，すなわち，事前の学力水準を統制すると，

$$\sigma^{2*} > \sigma^2 \tag{4.9}$$

というように，統制後に母分散がより小さくなっています．説明変数の影響を統制したことで学校の効果をより確実に捉えられるようになっているのです．

4.3.1 ANCOVA モデルの表現

　次に ANCOVA モデルのモデル式をみていきましょう．レベル 1 の目的変数であるポストテストを y_{ij}，同じくレベル 1 の説明変数であるプレテストを x_{ij} とするとき，ANCOVA モデルは次式で表現されます．

　レベル 1：

$$y_{ij} = b_{0j} + b_1(x_{ij} - \bar{x}_{..}) + r_{ij} \tag{4.10}$$

$$r_{ij} \sim N(0, \sigma^2) \tag{4.11}$$

[*9]　以降では ANCOVA モデル中の共変量についても説明変数という表現を利用します．
[*10]　0 以外で条件づけても以下の説明は成り立ちます．

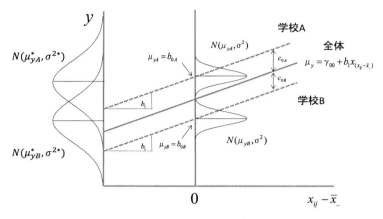

図 4.3　ANCOVA の概念図

レベル 2：

$$b_{0j} = \gamma_{00} + c_{0j} \tag{4.12}$$

式中の b_{0j} は学校 j の切片を表現していますが，ランダムに分布する切片ではなく，固定効果であることに注意してください[*11]．b_{0j} の構成要素の一つである γ_{00} は全データで定義される回帰式の切片であり固定効果です．もう一つの要素 c_{0j} は γ_{00} まわりの学校 j の固定効果です．

図 4.3 の実線の回帰直線はデータ全体で定義されたものです．上下の破線の回帰直線は学校 A と学校 B で定義されたもので，固定効果 c_{0j} の分，切片が上下に平行移動していることが分かります．ANCOVA ではこの固定効果 c_{0j} の大きさが興味の対象となります．

(4.10) 式中の b_1 は学校によらないポストテストに対するプレテストの影響を表現しており，「固定傾き」(fixed slope) と呼びます．学校間で傾き b_1 が等しいという仮定により c_{0j} を純粋な学校の効果として考察できるようになります．たとえば，図 4.3 中の c_{0A} と c_{0B} を学校 A と学校 B の純粋な効果として解釈することが可能です．

表 4.4 は ANCOVA モデルに登場するパラメータの一覧です．

[*11)]　ANCOVA モデルに登場する集団は固定要因となります．一方，後述する RANCOVA では変量要因となります．

4.3 ランダム効果を伴う共分散分析モデル (RANCOVA)

表 4.4　ANCOVA モデルに登場するパラメータの分類

固定効果	ランダム効果	ランダムパラメータ
γ_{00}, b_1, c_{0j}	なし	σ^2

4.3.2　ANCOVA モデルと調整済み平均

ANCOVA を用いることで学校の固定効果 b_{0j} に説明変数の影響が含まれなくなることについて数理面から確認しておきます．全体平均からの偏差 $x_{ij} - \bar{x}_{..}$ が $x_{ij} - \bar{x}_{.j} + \bar{x}_{.j} - \bar{x}_{..}$ であることに注意すると，ANCOVA モデルは

レベル 1 :
$$y_{ij} = b_{0j} + b_1(x_{ij} - \bar{x}_{.j}) + b_1(\bar{x}_{.j} - \bar{x}_{..}) + r_{ij} \tag{4.13}$$

と表現することができます．この式を利用して $x_{ij} - \bar{x}_{..}$ によって条件づけたときの [*12)]，学校 j のポストテストの標本平均の期待値を計算すると次のような結果が得られます．

レベル 2 :
$$
\begin{aligned}
E[\bar{y}_{.j}|(x_{ij} - \bar{x}_{..})] &= E[b_{0j} + b_1(\bar{x}_{.j} - \bar{x}_{.j}) + b_1(\bar{x}_{.j} - \bar{x}_{..}) + \bar{r}_{.j}] \\
&= E[b_{0j} + 0 + b_1(\bar{x}_{.j} - \bar{x}_{..}) + \bar{r}_{.j}] \\
&\quad \left[\bar{x}_{.j} - \bar{x}_{..} \text{ は定数だから}\right] \\
&= b_{0j} + b_1(\bar{x}_{.j} - \bar{x}_{..}) \tag{4.14}
\end{aligned}
$$

この式では b_{0j} はプレテストの学校平均 $\bar{x}_{.j}$ がその全体平均 $\bar{x}_{..}$ と等しいとき，すなわち $\bar{x}_{.j} - \bar{x}_{..} = 0$ が成り立つときの学校 j のポストテストの平均と解釈できます．

次に $\mu^*_{y_j} = E[\bar{y}_{.j}|(x_{ij} - \bar{x}_{..})]$ としてこの式を b_{0j} について解くと以下が得られます．

$$b_{0j} = \mu^*_{y_j} - b_1(\bar{x}_{.j} - \bar{x}_{..}) \tag{4.15}$$

この式における b_{0j} は，偏差が $\bar{x}_{.j} - \bar{x}_{..}$ である学校 j の期待値 $\mu^*_{y_j}$ から，説明変数の影響 $b_1(\bar{x}_{.j} - \bar{x}_{..})$ を取り除いたものであると解釈できます．特に，(4.15) 式から，ANCOVA の文脈では b_{0j} を「調整済み平均」(adjusted mean) と呼び

[*12)]　つまり $(x_{ij} - \bar{x}_{..})$ を定数と考えるということです．

ます.

学校間で調整済み平均 b_{0j} の差を比較することは, 説明変数の影響 $b_1(\bar{x}_{.j} - \bar{x}_{..})$ を取り除いた上で, 学校間で定義される固定効果 c_{0j} の和を考察することを意味します. 図 4.3 を参照すると $b_{0A} - b_{0B} = c_{0A} + c_{0B}$ となっていることが分かります [*13].

4.3.3 RANCOVA モデルの表現

先の ANCOVA モデルでは学校の効果 c_{0j} は固定効果として表現されていました. 説明では 2 校の学校を選択し, 両者の学校の効果の差について c_{0A} と c_{0B} を利用して検討することを考えていました. ですが, たとえば,

● 学校 A や学校 B といった特定の学校ではなく, 多数の学校を含んだ母集団において, プレテストの影響を統制した上で教育効果を検討したい

という場合もあるでしょう. こういったときに利用できるのが表 4.1 の①に対応した RANCOVA モデル (ANCOVA with random effects, RANCOVA) です.

このモデルでは集団は 2 段抽出法を利用して無作為抽出されたものと仮定されています. したがって, ANCOVA モデルにおける学校の効果 c_{0j} もこのモデルではランダム効果 u_{0j} になります. さらに, ランダム変動する学校平均を β_{0j} とすることで, RANCOVA モデルは次のように表現されます [*14].

レベル 1 :

$$y_{ij} = \beta_{0j} + b_1(x_{ij} - \bar{x}_{..}) + r_{ij} \tag{4.16}$$

$$r_{ij} \sim N(0, \sigma^2) \tag{4.17}$$

レベル 2 :

$$\beta_{0j} = \gamma_{00} + u_{0j} \tag{4.18}$$

$$u_{0j} \sim N(0, \tau_{00}) \tag{4.19}$$

このモデルは 2 段抽出法によって収集されたデータに対する ANCOVA モデルと考えることができ, β_{0j} が調整済み平均に相当するパラメータになります. 表 4.5 はこのモデルに登場するパラメータの一覧です.

[*13] 学校間で説明変数の値が等しい生徒集団を集めて (つまり説明変数の値を統制して), ポストテストの平均を比較しているということでもあります.

[*14] RANCOVA という表記は Kreft & De Leeuw (1998) に従いました.

4.3 ランダム効果を伴う共分散分析モデル (RANCOVA)　　　　67

表 4.5　RANCOVA モデルに登場するパラメータの分類

固定効果	ランダム効果	ランダムパラメータ
γ_{00}, b_1	u_{0j}	τ_{00}, σ^2

RANCOVA は，説明変数を統制した上で，ランダム効果 u_{0j} の分布 (γ_{00} や τ_{00}) について考察したい場合 (表 4.1 の①を参照) に利用します．たとえば，プレテストの影響を統制した上で，ポストテストの全体平均 (γ_{00}) や分散 (τ_{00}) を考察したい場合などに用いることができます．

4.3.4　レベル 1 の分散説明率

ANOVA モデルとは異なり RANCOVA モデルにはレベル 1 の説明変数 x_{ij} が投入されています．この説明変数とポストテスト (目的変数) との相関の程度に応じてレベル 1 の誤差分散 σ^2 は減少します．レベル 1 の説明変数による分散説明率 (proportion of variance explained at level1，PVE_1) は次式で求めることができます．

$$\mathrm{PVE}_1(\sigma^2) = \frac{\sigma^2(\mathrm{ANOVA}) - \sigma^2(\mathrm{RANCOVA})}{\sigma^2(\mathrm{ANOVA})} \tag{4.20}$$

ここで $\sigma^2(\mathrm{ANOVA})$ は ANOVA モデルのランダムパラメータ σ^2 を，$\sigma^2(\mathrm{RANCOVA})$ は RANCOVA モデルのランダムパラメータ σ^2 をそれぞれ表現しています．$\mathrm{PVE}_1(\sigma^2)$ が大きいほど，レベル 1 の説明変数が目的変数に対して強い影響を持っていると解釈することができます．

また，RANCOVA モデルのレベル 2 のランダムパラメータ τ_{00} (RACOVA) と $\sigma^2(\mathrm{RANCOVA})$ を利用して求める級内相関係数を「条件つき級内相関係数」(conditional intraclass correlation coefficient，ρ_{cond}) と呼び，以下の式で求めることができます．

$$\rho_{cond} = \frac{\tau_{00}(\mathrm{RANCOVA})}{\tau_{00}(\mathrm{RANCOVA}) + \sigma^2(\mathrm{RANCOVA})} \tag{4.21}$$

PVE_1 や ρ_{cond} によって，たとえば，レベル 1 の説明変数を新たに投入したときのモデルの分散説明率の変化について検討することができるようになります[15]．

---

[15]　(4.20) 式，(4.21) 式はパラメータの真値で構成されているので，実際の計算にはその推定値を利用します．

4.3.5 集団レベル効果と個人レベル効果

次に表 4.1 の②に対応したモデルについて解説します．RANCOVA モデルを再度考察してみましょう．以下の式は ANCOVA モデルに基づく (4.13) 式中の b_{0j} を β_{0j} とし，RANCOVA モデルとしたものです．

レベル 1：
$$y_{ij} = \beta_{0j} + b_1(x_{ij} - \bar{x}_{.j}) + b_1(\bar{x}_{.j} - \bar{x}_{..}) + r_{ij} \tag{4.22}$$

固定傾き b_1 に注目すると，それが $(x_{ij} - \bar{x}_{.j})$ と $(\bar{x}_{.j} - \bar{x}_{..})$ の 2 項に共通していることが分かります．最初の $(x_{ij} - \bar{x}_{.j})$ は学校 j 内における生徒 i のプレテストの偏差です．この偏差は学校内での個人の相対位置の情報 (個人レベルの情報) を示すものですが，生徒が所属している学校自体の情報は含みません．偏差化するということは変数の平均を 0 に基準化するということですから，所属している学校のプレテストの平均がいくら高くてもその情報は失われます．

一方，$(\bar{x}_{.j} - \bar{x}_{..})$ は全学校内での学校 j のプレテスト平均の偏差です．これは全学校内での学校 j の相対位置の情報 (集団レベルの情報) を示すもので，学校内の生徒の個人差の情報は集計の過程ですでに失われています．

$(x_{ij} - \bar{x}_{.j})$ と $(\bar{x}_{.j} - \bar{x}_{..})$ の 2 項に共通した係数であることと，これまでの話をあわせて考えると，b_1 にはポストテストに対する学校内の偏差からの影響 (個人レベル効果) と学校間の偏差からの影響 (集団レベル効果) が同時に含まれていることが理解できます [*16)]．

もし分析の目的が説明変数 x の個人レベル効果にのみ興味があるのなら，集団平均からの偏差 $x_{ij} - \bar{x}_{.j}$ を利用して，

レベル 1：
$$y_{ij} = \beta_{0j} + b_1(x_{ij} - \bar{x}_{.j}) + r_{ij} \tag{4.23}$$

という RANCOVA モデルを利用します．このモデルにおける固定傾き b_1 は個人レベル効果を表現しており，たとえば，学校内で他の生徒よりプレテストの得点が高い生徒ほど，ポストテスト得点も高いというように解釈することができます．

ただし，この (4.23) 式の β_{0j} は ANCOVA モデルや，(4.16) 式の β_{0j} とは異なり，調整済み平均ではありません．なぜなら，目的変数の学校平均の条件つき

[*16)] マルチレベルモデルの文脈では集団レベル効果は between-level effect，個人レベル効果は within-level effect と表記されます．

期待値は

$$E[\bar{y}_{.j}|(x_{ij} - \bar{x}_{.j})] = \mu^*_{y_j} = \beta_{0j} \tag{4.24}$$

であり，$\mu^*_{y_j}$ から説明変数 x_{ij} の影響は除去されないからです．

以上みてきたように，説明変数 x_{ij} を $x_{ij} - \bar{x}_{..}$ と全体平均で偏差化するか，あるいは $x_{ij} - \bar{x}_{.j}$ と集団平均で偏差化するかによってモデル中の切片や傾きの意味が大きく変わります．説明変数を偏差化するこの作業を「中心化」と呼びます．なお第 3 章ですでに登場しましたが，全体平均中心化 (centering at the grand mean) は CGM，集団平均中心化 (centering within cluster) は CWC と略記します．

調整平均を意図した RANCOVA モデルでは (4.16) 式のようにレベル 1 の説明変数に CGM を適用します．一方，レベル 1 の説明変数の個人レベル効果を考察したい場合には，(4.23) 式のようにその変数に CWC を適用します．

このように，分析目的に対応したモデル構成のためには，説明変数の中心化方法について十分配慮する必要があります．

4.3.6　適用例—全体平均中心化の場合—

学校データに含まれるポストテストを目的変数，CGM を施したプレテストを説明変数として RANCOVA モデルを実行します．50 校は無作為抽出されているので，ランダム効果 u_{0j} とランダムパラメータ τ_{00} をモデルに導入します．(4.16) 式〜 (4.19) 式をもとにした，R による実行スクリプトは次のようになります．

```
> rancovamodel<-lmer(post1~pre1.cgm+(1|schoolID),
+data=data1,REML=FALSE)
```

ランダム切片（1|schoolID）の前に，全体平均で中心化されたプレテスト pre1.cgm がレベル 1 の説明変数としてモデルに投入されています．

lmer の出力のうち，固定効果とランダムパラメータに該当する部分を抜粋したものが次になります．プレテストの傾きは 1.034 であり，0.1% 水準で有意になっています．

```
> summary(rancovamodel)
----一部省略--
Random effects:
 Groups    Name         Variance  Std.Dev.
 schoolID (Intercept)    31.86     5.645
 Residual                88.75     9.420
Number of obs: 5000, groups:  schoolID, 50

Fixed effects:
              Estimate  Std. Error       df  t value  Pr(>|t|)
(Intercept) 1.261e+02  8.093e-01 5.000e+01   155.88    <2e-16 ***
pre1.cgm    1.034e+00  1.919e-02 4.991e+03    53.91    <2e-16 ***
---
Signif. codes:  0 '***' 0.001 '**' 0.01 '*' 0.05 '.' 0.1 ' '
1

> confint(rancovamodel,level=.95,method="Wald") #信頼区間の推定
                  2.5 %       97.5 %
.sig01               NA           NA
.sigma               NA           NA
(Intercept) 124.5625562   127.734933
pre1.cgm      0.9968608     1.072085
```

推定されたパラメータとそれに基づいて算出された各種統計量を表 4.6 にまとめました.

表中の分散説明率 $\mathrm{PVE}_1(\hat{\sigma}^2)$ は，表 4.3 と表 4.6 の $\hat{\sigma}^2$ の値 (140.259, 88.746)，そして (4.20) 式を利用して $(140.259 - 88.746)/140.259 = 0.367$ と求めています．共変量を投入したことによって ANOVA モデルで説明できなかった誤差分散が 36.7% 説明されました．プレテストはポストテストに対して無視できない影響を保持しており，β_{0j} によって教育効果の比較を行う場合には，その影響を統制する必要があるということが理解できます．

ANOVA モデルでは $\hat{\tau}_{00}$ は 52.753 でしたが（表 4.3），RANCOVA モデルでは 31.860 となっています（表 4.6）．τ_{00} はレベル 2 の変数であるランダム効果 u_{0j} の分散ですが，RANCOVA モデルにはレベル 2 の説明変数が含まれていないの

4.3 ランダム効果を伴う共分散分析モデル (RANCOVA)   71

表 **4.6** RANCOVA モデルの推定値

パラメータ	推定値	SE	95%CI
γ_{00}	126.149	0.809	[124.563, 127.735]
b_1	1.034	0.019	[0.997, 1.072]
τ_{00}	31.860		
σ^2	88.746		
$\mathrm{PVE}_1(\sigma^2)$	0.367		
ρ_{cond}	0.264		

に，この分散が減少したのはなぜでしょうか.

ANOVA モデルにおけるランダム切片 β_{0j} の推定値を学校別に求め，レベル 1 の説明変数 $x_{ij} - \bar{x}_{..}$ との相関係数を求めると 0.279 となりました[*17)]. 一定の正の相関が存在することがうかがえます. 先述したように $x_{ij} - \bar{x}_{..}$ には集団レベルの情報 $\bar{x}_{.j} - \bar{x}_{..}$ が含まれています. したがって，b_1 は個人レベル効果であると同時に集団レベル効果も表現すると考えられます. ということは，説明変数 $x_{ij} - \bar{x}_{..}$ はレベル 2 のランダム切片の変動もいくらか説明していることになりますから，これによって τ_{00} が減少したと解釈できます.

条件つき級内相関係数の推定値 $\hat{\rho}_{cond}$ は 0.264 であり，ANOVA モデルの値 (0.273) よりも小さくなりました. 説明変数の投入によって $\hat{\tau}_{00}$ も $\hat{\sigma}_2$ も減少しましたが，$\hat{\tau}_{00}$ の減少率の方が大きかったので[*18)] 結果的に級内相関係数は ANOVA モデルよりも小さくなりました.

4.3.7 適用例——集団平均中心化の場合——

次に説明変数に CWC を利用した RANCOVA モデルを実行します. (4.23) 式のモデルに対応するスクリプトは以下のとおりです.

```
> rancovamodel2<-lmer(post1~pre1.cwc+(1|schoolID),
+data=data1,REML=FALSE)
```

ここで pre1.cwc は CWC を施したプレテストです.

[*17)] 同一校に所属する生徒に対しては同一の β_{0j} を与え，要素数 5000 のベクトルにしてから相関係数を求めました.

[*18)] τ_{00} の減少率は $1 - (31.86/52.753) = 0.396$，$\sigma^2$ の減少率は $1 - (88.746/140.259) = 0.367$ でした.

関数 lmer で推定した結果を表 4.7 にまとめました。個人レベル効果の推定値 $\hat{b}_1$ は 1.032 となりました。表 4.6 では $\hat{b}_1 = 1.034$ だったので、集団レベル効果を排除したとしても、個人レベル効果には大きな変化はないことがうかがえます。ただし $1.034 - 1.032 = 0.002$ が集団レベル効果ということではありません。集団レベル効果を推定するためには次節の平均に関する回帰モデルや、4.5 節の集団・個人レベル効果推定モデルを利用します。

ランダム切片の分散 $\hat{\tau}_{00}$ の推定値は 53.268 ですが (表 4.7)、説明変数に CGM を施した RANCOVA モデルでの推定結果 (表 4.6 から $\hat{\tau}_{00} = 31.860$) を上回っています。実はこの 53.268 という推定値は説明変数を導入しない ANOVA モデルにおける τ_{00} の推定値 52.753 (表 4.3) と近似した値になっています [19]。

先述したとおり、CGM を施した偏差 $x_{ij} - \bar{x}_{..}$ には集団レベルの情報が含まれているので、目的変数に含まれるデータの集団レベルの情報 (つまりランダム切片) と相関を持ちます [20]。したがって、レベル 1 の説明変数 $x_{ij} - \bar{x}_{..}$ によってランダム切片の変動の一部が説明されるのです。一方、説明変数に CWC を施した場合には偏差 $x_{ij} - \bar{x}_{.j}$ には集団レベルの情報が含まれません。したがって、ランダム切片の変動は $x_{ij} - \bar{x}_{.j}$ によって説明されず、結果的に $\hat{\tau}_{00}$ にも影響が生じません。

以上から両モデルにおける $\hat{\tau}_{00}$ の差 $53.268 - 31.860 = 21.408$ は、CWC を施した説明変数によって説明できなかった目的変数における集団レベル変動を表現していると理解できます。

表 4.7 CWC による RANCOVA モデルの推定値

パラメータ	推定値	SE	95%CI
γ_{00}	126.150	1.041	[124.111, 128.190]
b_1	1.032	0.019	[0.994, 1.069]
τ_{00}	53.268		
σ^2	88.746		
$\mathrm{PVE}_1(\sigma^2)$	0.367		
ρ_{cond}	0.375		

---

[19] u_{0j} と $(x_{ij} - \bar{x}_{.j})$ との相関係数は理論的には 0 ですが実現値は 0.005484811 です。両モデルで $\hat{\tau}_{00}$ が一致しないのも推定値を利用しているためであると考えられます。

[20] プレテストの学校平均とポストテストの相関係数は 0.3518122 となります。つまりポストテストに含まれる集団レベルのデータ変動を、プレテストの学校平均によって一定程度予測できる状況です。

4.4 平均に関する回帰モデル

ポストテストの学校平均がプレテストの学校平均によって説明できるのかということを検討するために，学校別の集計値 (平均値) を利用した回帰分析を実施するとします．この分析をマルチレベルモデルの枠組みで実行するのが，本節で解説する平均に関する回帰モデル (means-as-outcome regression model) です．この方法を利用することでレベル 2 の説明変数による集団レベル効果について考察できるようになります．

4.4.1 モデルの表現

ポストテストを目的変数 y_{ij} (レベル 1 の変数)，プレテストの学校平均をレベル 2 の説明変数 $\bar{x}_{.j}$ とするとき，平均に関する回帰モデルは次のように表現されます．

レベル 1：

$$y_{ij} = \beta_{0j} + r_{ij} \tag{4.25}$$

$$r_{ij} \sim N(0, \sigma^2) \tag{4.26}$$

レベル 2：

$$\beta_{0j} = \gamma_{00} + \gamma_{01}(\bar{x}_{.j} - \bar{x}_{..}) + u_{0j} \tag{4.27}$$

$$u_{0j} \sim N(0, \tau_{00}) \tag{4.28}$$

ここで $(\bar{x}_{.j} - \bar{x}_{..})$ のように説明変数を偏差化していることに注意してください [21]．

式からも明らかなように，このモデルにはレベル 1 の説明変数が存在しません．レベル 2 の説明変数の傾き γ_{01} は集団レベル効果の指標として利用できます．

表 4.8 にモデルに登場するパラメータをまとめました．

表 **4.8** 平均に関する回帰モデルに登場するパラメータ

固定効果	ランダム効果	ランダムパラメータ
γ_{00} と γ_{01}	u_{0j}	τ_{00} と σ^2

---

[21] このモデルでは偏差化するかしないかにかかわらず集団レベル効果の推定値は変わりません．ただ，偏差化しておけばレベル 2 の説明変数間で交互作用項を定義する際に多重共線性が生じにくくなるという利点があります．

4.4.2 レベル 2 の分散説明率

平均に関する回帰モデルではランダム切片 β_{0j} をレベル 2 の説明変数によって説明します．レベル 1 の分散説明率と同様に，レベル 2 の分散説明率 (proportion of variance explained at level2, PVE_2) を次式で求めることができます．

$$\mathrm{PVE}_2(\tau_{00}) = \frac{\tau_{00}(\mathrm{ANOVA}) - \tau_{00}(\text{平均に関する回帰モデル})}{\tau_{00}(\mathrm{ANOVA})} \tag{4.29}$$

4.4.3 適 用 例

ポストテストを目的変数，プレテストの学校平均をレベル 2 の説明変数として平均に関する回帰モデルを実行します．R のスクリプトは次のようになります．

```
> pre2.mdev<-data1$pre2.m-mean(data1$pre2.m) #学校平均の偏差化
> maomodel<-lmer(post1~pre2.mdev+(1|schoolID),data=data1,REML=FALSE)
```

pre2.m はプレテストの学校ごとの平均値が収められたレベル 2 の説明変数です．そしてこれを全体平均で偏差化した pre2.mdev を説明変数として投入します．
表 4.9 に lmer の推定結果をまとめました．γ_{01} の推定値は 1.527 であり，プレテスト平均が 1 点高い学校は，ポストテストが 1.527 点高いと解釈できます．レベル 2 の分散説明率である PVE_2 は 0.452 であり，ANOVA モデルで説明できなかったランダム切片の変動の 45.2% がプレテスト平均で説明できると解釈できます．レベル 2 の説明変数としてもプレテストは無視できないことが明らかとなりました．
ランダム切片の分散 τ_{00} の推定値は 28.864 でした．ANOVA モデルの推定値

表 **4.9** 平均に関する回帰モデルの推定値

パラメータ	推定値	SE	95%CI
γ_{00}	126.150	0.778	[124.626, 127.675]
γ_{01}	1.527	0.243	[1.050, 2.002]
τ_{00}	28.864		
σ^2	140.259		
$\mathrm{PVE}_2(\tau_{00})$	0.452		
ρ_{cond}	0.171		

(52.753) よりも小さく推定されています．レベル 1 の誤差分散 σ^2 の推定値は 140.259 となりました．この推定値は ANOVA モデルの結果と一致しています（表 4.3）．このモデルはレベル 1 については ANOVA モデルと同様なので，誤差分散 σ^2 も同一になったと解釈することができます．

たしかにプレテストの学校平均とポストテストは相関を持ちますが，その相関は集団レベル効果の指標 γ_{01} に表現されます．このことからもレベル 1 の誤差分散 σ^2 が両モデルで一致することが理解できます．

$\hat{\tau}_{00}$ はこれまでのモデルと比較すると最小の値となっており，プレテスト平均がランダム切片をよく説明していることがうかがえます．

4.5 集団・個人レベル効果推定モデル

2 段抽出法で得られたデータには集団レベルの情報と個人レベルの情報が含まれています．どちらか一方の情報にしか興味がないという研究はまれで，一般的には両方の情報について同時に分析したいというニーズの方が多いはずです．たとえば，

- 学校内で相対的にプレテストの得点が高い生徒は，ポストテストの得点も高くなるのか [個人レベル効果の推定]
- また，全学校の中で相対的にプレテストの平均が高い学校は，ポストテストの平均も高いのか [集団レベル効果の推定]
- 上述 1，2 を同時に分析できないか [集団・個人レベル効果の推定]

というリサーチクエスチョンは，2 段抽出データを扱っている以上，自然に発せられるものです．

ただ，集団・個人の両レベルの情報を同時に分析するという目的において，これまでに解説した RANCOVA モデルと平均に関する回帰モデルは十分ではありません．そこで利用できるのが，本節で紹介する集団・個人レベル効果推定モデルです [*22]．

[*22] ただし，限られた標本サイズで本モデルに説明変数をたくさん投入すると推定結果が不安定になる可能性も高くなります．推定結果の安定性を考慮して，集団レベル効果か個人レベル効果のどちらか一方のみを考察しなければならない状況も当然考えられます．したがって，分析目的や標本サイズ，変数の数に考慮してモデルを選択すべきです．

4.5.1 モデルの表現

目的変数 y_{ij} をポストテスト，説明変数 x_{ij} をプレテストとするとき，このモデルは次のように表現されます．

レベル 1：

$$y_{ij} = \beta_{0j} + b_1(x_{ij} - \bar{x}_{.j}) + r_{ij} \tag{4.30}$$

$$r_{ij} \sim N(0, \sigma^2) \tag{4.31}$$

レベル 2：

$$\beta_{0j} = \gamma_{00} + \gamma_{01}(\bar{x}_{.j} - \bar{x}_{..}) + u_{0j} \tag{4.32}$$

$$u_{0j} \sim N(0, \tau_{00}) \tag{4.33}$$

本式は，(4.23) 式の CWC を施した RANCOVA モデルと平均に関する回帰モデルを統合したものです．このモデルの固定傾き b_1 と γ_{01} はそれぞれ，集団平均からの偏差による RANCOVA モデルと，平均に関する回帰モデルに登場する傾きと等しく推定されます．(4.30) 式と (4.32) 式を次のように統合したとします．

$$y_{ij} = \gamma_{00} + \gamma_{01}(\bar{x}_{.j} - \bar{x}_{..}) + b_1(x_{ij} - \bar{x}_{.j}) + u_{0j} + r_{ij} \tag{4.34}$$

このとき，(4.34) 式において，第 2 項のレベル 2 の説明変数 $(\bar{x}_{.j} - \bar{x}_{..})$ と第 3 項のレベル 1 の説明変数 $(x_{ij} - \bar{x}_{.j})$ は無相関になる（直交する）という性質があります．重回帰分析では説明変数間の相関が 0 の場合，当該変数の偏回帰係数（γ_{01} と b_1）はそれぞれの変数からの主効果を表現する指標となりますから，このモデルを利用すれば集団レベル効果と個人レベル効果の推定を 1 度の分析で算出することができます．表 4.10 に本モデルに登場するパラメータをまとめました．

表 4.10 集団・個人レベル効果推定モデルのパラメータ

固定効果	ランダム効果	ランダムパラメータ
γ_{00}, γ_{01}, b_1	u_{0j}	τ_{00} と σ^2

4.5.2 適 用 例

ポストテストをレベル 1 の目的変数，CWC を施したプレテスト $x_{ij} - \bar{x}_{.j}$ をレベル 1 の説明変数，CGM を施した学校平均 $\bar{x}_{.j} - \bar{x}_{..}$ をレベル 2 の説明変数として集団レベル効果と個人レベル効果を同時推定します．対応する R のスクリプト

を次に示します [*23)].

```
> bweffectmodel<-lmer(post1~pre1.cwc+pre2.mdev+(1|schoolID),
data=data1,REML=FALSE)
```

CWC を施したレベル 1 の説明変数 pre1.cwc と学校ごとの平均を収めたレベル 2 の説明変数 pre2.mdev がモデルに投入されています.このスクリプトを実行したところ表 4.11 に示す推定値を得ました.

表 4.11 集団・個人レベル効果推定モデルの推定値

パラメータ	推定値	SE	95%CI
γ_{00}	126.150	0.778	[124.626, 127.675]
γ_{01}	1.527	0.243	[1.050, 2.002]
b_1	1.032	0.019	[0.994, 1.069]
τ_{00}	29.379		
σ^2	88.746		
$\mathrm{PVE}_1(\sigma^2)$	0.367		
$\mathrm{PVE}_2(\tau_{00})$	0.443		
ρ_{cond}	0.249		

表から $\hat{b}_1 = 1.032$ ですが,これは (4.23) 式の CWC を施した RANCOVA モデルでの推定値 (表 4.7 参照) と一致しています.また $\hat{\gamma}_{01} = 1.527$ ですが,これは平均に関する回帰モデルでの推定値 (表 4.9 参照) と一致しています.個人レベル効果と集団レベル効果が同時に推定されていることが理解できます.

4.6 本章のまとめ

1. 分析の冒頭では ANOVA モデルを利用して級内相関係数とデザイン効果の推定値を得る.

[*23)] bweffectmodel は,between effect (集団レベル効果) と within effect (個人レベル効果) を同時に扱うモデルという意味です.

【ANOVA モデル】

レベル 1：
$$y_{ij} = \beta_{0j} + r_{ij}$$

レベル 2：
$$\beta_{0j} = \gamma_{00} + u_{0j}$$

2. 調整済み平均の分布に関して推測を行いたい場合には (共分散分析の拡張モデルを実行するなら), 説明変数に全体平均中心化 (CGM) を施した RANCOVA モデルを利用する. 個人レベル効果にのみ関心があるのならば, 説明変数に集団平均中心化 (CWC) を施した RANCOVA モデルを利用する.

【RANCOVA モデル】

レベル 1：
$$CWC : y_{ij} = \beta_{0j} + b_1(x_{ij} - \bar{x}_{j\cdot}) + r_{ij}$$
$$CGM : y_{ij} = \beta_{0j} + b_1(x_{ij} - \bar{x}_{\cdot\cdot}) + r_{ij}$$

レベル 2：
$$\beta_{0j} = \gamma_{00} + u_{0j}$$

3. 集団レベル効果にのみ関心があるのならば, レベル 1 には説明変数を投入せず, ランダム切片に対してレベル 2 の説明変数を投入する, 平均に関する回帰モデルを利用する.

【平均に関する回帰モデル】

レベル 1：
$$y_{ij} = \beta_{0j} + r_{ij}$$

レベル 2：
$$\beta_{0j} = \gamma_{00} + \gamma_{01}(\bar{x}_{\cdot j} - \bar{x}_{\cdot\cdot}) + u_{0j}$$

4. 集団レベル効果と個人レベル効果の両方に関心があるなら, レベル 1 に CWC を施した説明変数を, レベル 2 に同一の説明変数の集団平均の偏差を投入する集団・個人レベル効果推定モデルを利用する.

【集団・個人レベル効果推定モデル】

レベル 1：
$$y_{ij} = \beta_{0j} + b_1(x_{ij} - \bar{x}_{j\cdot}) + r_{ij}$$

レベル 2：
$$\beta_{0j} = \gamma_{00} + \gamma_{01}(\bar{x}_{\cdot j} - \bar{x}_{\cdot\cdot}) + u_{0j}$$

文　　　献

1) Kreft, I. G. G. & De Leeuw (1998). *Introducing Multilevel Modeling*, SAGE Publications.

5

ランダム傾きモデル

再び，学校ごとにプレテストによってポストテストを説明することを考えましょう．第4章で学んだように，入学前のプレテストの得点が同じでも，どの学校に所属するかによってポストテストの成績は変動するということを仮定できるならば，ランダム切片モデルを適用すべきです．

このモデルには学校間で傾きは一定であるという仮定 [1] がおかれていました．しかし，この仮定は現実に対して少し厳し過ぎるように思えます．たとえばプレテスト高成績者を特に伸ばす教育を実践している学校と，プレテストの成績にかかわらず一様な教育を実践している学校を考えるならば，前者の回帰直線の傾きが後者の傾きよりも正に大きくなるということは容易に予想できるからです (図5.1 参照)．

集団間での傾きの違いに由来するデータ変動が存在するのにそれを無視すると，モデル中の様々なパラメータにバイアスが生じます．

そのようなときにランダム傾きモデルを利用することで，データに対するモデルの柔軟性が増し，バイアスが減少します．モデルはより複雑になりますが，その分，現象の説明力も高くなります．このモデルを適用した結果，やはり集団間で傾きが等しいという仮定を主張できそうなら，そのときはランダム切片モデルを採用すればよいでしょう．

本章では第4章のランダム切片モデルの知識を前提に，このランダム傾きモデルの理論と実践法を解説します．また最後に様々な統計指標を利用したモデルの比較法についても解説します．

---

[1]　ANCOVA モデルの仮定です．

5.1 ランダム傾きモデルの種類

本章で解説するランダム傾きモデルは, ランダム切片・傾きモデルと, 切片・傾きに関する回帰モデルの2つです. 両モデルはともに第4章で解説したランダム切片モデルを発展させたものです. 最初に両モデルを概観しておきます.

ランダム切片・傾きモデル：RANCOVA モデルでは切片が集団によって異なることを許容しますが, 説明変数の傾きは定数でした. それに対して, 集団によって傾きも異なることを許容するのがこのモデルです. 切片と傾きが確率変数なので, 両者の相関係数も推定し, 考察に用いることができるようになります (5.2 節).

切片・傾きに関する回帰モデル：第4章で解説した集団・個人レベル効果推定モデルでは, ランダム切片をレベル2の変数で説明することで, 説明変数の集団レベル効果を推定しました. 一方, 本モデルでは切片ばかりでなく傾きもレベル2の変数で説明します. ランダム傾きをレベル2の変数で説明することで集団の特徴と傾きの関連性が把握できるようになります (5.3 節).

またこのモデルの結果を利用すると, レベル1の説明変数とレベル2の説明変数の交互作用効果も分析できます. この効果を「クロスレベルの交互作用効果」と呼びます. この効果を丁寧に考察することで, たとえば, 全国的にみた場合に所属する高校の平均的学力は非常に高いのだが, その高校内では学力が相対的に低い生徒における成績の傾向を把握するといった, 集団の状況 (レベル2の説明変数) と集団内での個人の状況 (レベル1の説明変数) の組み合わせに配慮した分析が可能になります.

さらに, レベル2の説明変数を第3変数としたランダムパラメータ間の偏相関係数についても推定・考察できます.

表 5.1 モデルと分析目的の対応

節	モデル	分析目的
5.2	ランダム切片・傾きモデル	ランダム傾きの分散成分の推定, ランダム切片と傾きの相関係数の推定
5.3	切片・傾きに関する回帰モデル	レベル2の説明変数によるランダム切片・ランダム傾きの予測, クロスレベルの交互作用効果の推定と分析, ランダム切片と傾きの偏相関係数の推定

表 5.1 に本章で解説するモデルをまとめました．

5.2 ランダム切片・傾きモデル

最初に集団ごとに傾きが異なる状況の例を示し，ランダム傾きを表現するモデルの必要性についてみていきます．

図 5.1 には，異なる教育ポリシーを持った 3 つの高校におけるプレテストとポストテストによる散布図[*2)]とその回帰直線が描画されています．切片 β_{0j} と傾き β_{1j} は各学校で異なることがうかがえます．

学校 A の散布図と回帰直線に注目します．学校 A は進学校であり入学者のほとんどはプレテストの高成績者です．この学校ではさらにプレテストの成績によってクラス分けをし，高得点者をより伸ばす教育実践を行っています．回帰直線の傾き β_{1A} が 3 校中最大になっているのはそのためです．

次に学校 C の散布図と回帰直線に注目します．学校 C はプレテストの成績が低い生徒が多く集まっています．この学校では低成績者の修学支援に力を入れており，必要最低限のことを丁寧に教育しています．このため，プレテスト高成績者の学力が十分養われておらず，傾き β_{1C} は 3 校中最小となっています．

学校 B はプレテストが平均的な生徒が多く集まっています．この学校はプレテ

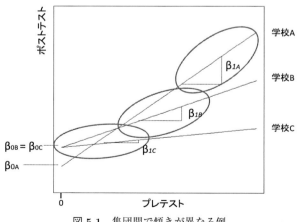

図 5.1　集団間で傾きが異なる例

[*2)]　楕円で表示しています．

ストの中〜高成績者の教育にも力を入れていますが，その成果として，学校 B の
傾き β_{1B} は学校 A に次いで大きくなっています.

以上のように，集団間で傾きが異なることを許容すると，現象の実態により即
した形での考察が可能になります. 明確な理論立てがないにもかかわらず集団間
で傾きが等しいと仮定することは，上述のような現象の存在を無視するというこ
とです.

5.2.1 モデルの表現

目的変数 y_{ij} をポストテスト，説明変数 x_{ij} をプレテストとするとき，ランダ
ム切片・傾きモデルは次式で表現されます.

レベル 1：

$$y_{ij} = \beta_{0j} + \beta_{1j}(x_{ij} - \bar{x}_{\cdot j}) + r_{ij} \tag{5.1}$$

$$r_{ij} \sim N(0, \sigma^2) \tag{5.2}$$

レベル 2：

$$\beta_{0j} = \gamma_{00} + u_{0j} \tag{5.3}$$

$$\beta_{1j} = \gamma_{10} + u_{1j} \tag{5.4}$$

$$(u_{0j}, u_{1j})' \sim \mathrm{MVN}(\mathbf{0}, T) \tag{5.5}$$

ここで，$(u_{0j}, u_{1j})'$ は縦ベクトルを表現しています.

本モデルでは，切片だけでなく，傾きについても確率変動を認めるので (5.4)
式のように，ランダム傾き β_{1j} が導入されています. このランダム傾きは，全集
団で同一値となる固定傾き γ_{10} と，そこからの学校 j のズレであるランダム効果
u_{1j} で構成されています.

(5.5) 式は切片と傾きのランダム効果が従う確率分布を表現しています.
$\mathrm{MVN}(\mathbf{0}, T)$ は平均ベクトルが $\mathbf{0}$，共分散行列が T の多変量正規分布 (multi-variate
normal distribution) を表現しています. ここでは切片と傾きのランダム効果に
関する 2 変量正規分布を表現しています. 共分散行列 T は次式のようになってい
ます.

$$T = \begin{bmatrix} \tau_{00} & \tau_{01} \\ \tau_{10} & \tau_{11} \end{bmatrix} \tag{5.6}$$

ここで，τ_{00} は切片のランダム効果の分散を，τ_{11} はこのモデルで新しく導入された傾きのランダム効果の分散をそれぞれ表現しています．τ_{01} は切片・傾きのランダム効果間の共分散を表現しています．このパラメータも本モデルから登場するもので，$\tau_{01}/(\sqrt{\tau_{00}}\sqrt{\tau_{11}})$ によってランダム効果間の相関係数を定義することができます[*3]．表 5.2 はこのモデルに登場するパラメータの一覧です．

表 5.2 ランダム切片・傾きモデルに登場するパラメータの分類

固定効果	ランダム効果	ランダムパラメータ
γ_{00}, γ_{10}	u_{0j}, u_{1j}	$\tau_{00}, \tau_{11}, \tau_{01}(\tau_{10}), \sigma^2$

5.2.2 不均一分散性と級内相関係数

ランダム切片モデルでは集団間で傾きが一定になっているので，図 5.2 の (a) のようにすべての回帰直線は平行になります．これは説明変数がどのような値であったとしても目的変数の分散は変わらないことを意味しています．

一方のランダム傾きモデルでは，傾きが一定ではないので図 5.2 の (b) のように回帰直線は必ずしも平行になりません．これは説明変数の値に依存して目的変数 Y の分散が変化することを意味しています．図 5.2 の (b) では X が大きくなるにつれ，Y の分散も大きくなっていく傾向がみられます．

このことを数理的に解説します．ここではランダム切片モデルの一例として集団・個人レベル効果推定モデルを，ランダム傾きモデルの一例としてランダム切

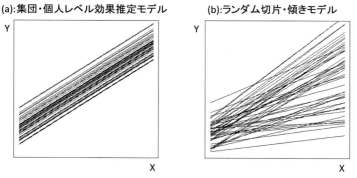

図 5.2 ランダム切片・傾きモデルの概念図

[*3] R の関数 lmer は相関係数の推定値を表示します．

片・傾きモデルを取り上げて比較します.

集団・個人レベル効果推定モデル：まずランダム切片モデルでは，図 5.2 (a) のように説明変数の値によらず目的変数の分散が一定であることを証明します．4.5 節での議論を思い出してみましょう．目的変数 y_{ij} をポストテスト，説明変数 x_{ij} をプレテストとするとき，このモデルは次のように与えられました.

(4.30) 式： $\quad y_{ij} = \beta_{0j} + b_1(x_{ij} - \bar{x}_{.j}) + r_{ij}$

(4.32) 式： $\quad \beta_{0j} = \gamma_{00} + \gamma_{01}(\bar{x}_{.j} - \bar{x}_{..}) + u_{0j}$

$\bar{x}_{.j}^* = (\bar{x}_{.j} - \bar{x}_{..})$, $x_{ij}^* = (x_{ij} - \bar{x}_{.j})$ と表記し，かつ，$E[u_{0j}] = 0$, $E[r_{ij}] = 0$ と仮定して，$\bar{x}_{.j}^*$ と x_{ij}^* が所与のときの (4.30) 式の条件つき期待値を求めると次のようになります.

$$E[y_{ij}|\bar{x}_{.j}^*, x_{ij}^*] = E[\gamma_{00} + \gamma_{01}\bar{x}_{.j}^* + u_{0j} + b_1 x_{ij}^* + r_{ij}]$$
$$\left[\bar{x}_{.j}^* \text{ と } x_{ij}^* \text{ が所与であるから定数とみなすと } E[\bar{x}_{.j}^*] = \bar{x}_{.j}^*, E[x_{ij}^*] = x_{ij}^* \right.$$
$$\left. \text{となるので} \right]$$
$$= \gamma_{00} + \gamma_{01}\bar{x}_{.j}^* + b_1 x_{ij}^*$$

さらにこの期待値と，$V[u_{0j}] = E[u_{0j}^2] = \tau_{00}$, $V[r_{ij}] = E[r_{ij}^2] = \sigma^2$ を利用してこのモデルの目的変数 y_{ij} の条件つき分散を求めると次のようになります[*4].

$$V[y_{ij}|\bar{x}_{.j}^*, x_{ij}^*] = E[(y_{ij} - E[y_{ij}|\bar{x}_{.j}^*, x_{ij}^*])^2]$$
$$= E[u_{0j}^2 + 2u_{0j}r_{ij} + r_{ij}^2]$$
$$[\text{誤差間相関は } 0 \text{ と仮定すると } E[u_{0j}r_{ij}] = 0 \text{ なので}]$$
$$= \tau_{00} + \sigma^2 \tag{5.7}$$

この式は ANOVA モデルの結果 ((4.6) 式参照) と同様になっていますが，本式では σ^2 が説明変数によって条件づけられているので，意味的には異なります．図 5.2 の (a) のように回帰直線が平行となるランダム切片モデルでは，どの説明変数で条件づけても目的変数の分散は不変です.

それでは，共分散についてはどのような性質が成り立っているのでしょうか．同一の学校 j に所属する生徒 i と生徒 i' の目的変数 y_{ij}, $y_{i'j}$ の条件つき共分散は次のようになります[*5].

[*4]　導出には分散の公式 $V[y_{ij}] = E[(y_{ij} - E[y_{ij}])^2]$ を利用しています.

[*5]　導出には共分散の公式 $Cov(y_{ij}, y_{i'j}) = E[(y_{ij} - E[y_{ij}])(y_{i'j} - E[y_{i'j}])]$ を利用しています.

$$Cov(y_{ij}, y_{i'j}|\bar{x}_{\cdot j}^*, x_{i'j}^*, x_{ij}^*) = E[(y_{ij} - E[y_{ij}|\bar{x}_{\cdot j}^*, x_{ij}^*])(y_{i'j} - E[y_{i'j}|\bar{x}_{\cdot j}^*, x_{i'j}^*])]$$

$$[(5.7) \text{ 式の導出を参考にして}]$$

$$= E[(u_{0j}^2 + u_{0j}r_{ij} + u_{0j}r_{i'j} + r_{ij}r_{i'j})]$$

$$\left[\begin{array}{l}\text{同一標本内での誤差間相関は 0 と仮定すると } E[u_{0j}r_{ij}] = 0 \text{ であり,標}\\ \text{本間での誤差の相関も 0 と仮定すると } E[r_{ij}r_{i'j}] = 0 \text{ なので}\end{array}\right]$$

$$= \tau_{00} \tag{5.8}$$

以上のように,分散同様に共分散も ANOVA モデルの結果と一致します.つまり,ランダム切片モデルでは図 5.2 (a) のように,説明変数の値に依存して生徒間で定義される共分散が変動するという性質はないことが分かります.この性質は分散と共分散をもとに算出される級内相関係数についても同様に成り立ちます.

ランダム切片・傾きモデル:次に,図 5.2 (b) のようにランダム切片・傾きモデルでは,説明変数の値によって目的変数の分散が異なることを証明します.目的変数 y_{ij} をポストテスト,説明変数 x_{ij} をプレテストとするとき,(5.1) 式,(5.3) 式,(5.4) 式から,ランダム切片・傾きモデルにおける y_{ij} の条件つき期待値は次のようになります.

$$E[y_{ij}|x_{ij}^*] = E[\gamma_{00} + u_{0j} + (\gamma_{10} + u_{1j})x_{ij}^* + r_{ij}]$$

$$= \gamma_{00} + \gamma_{10}x_{ij}^* \tag{5.9}$$

この期待値と $E[u_{1j}] = 0$, $V[u_{1j}] = E[u_{1j}^2] = \tau_{11}$, $Cov(u_{0j}, u_{1j}) = E[u_{0j}u_{1j}] = \tau_{01}$ を利用して,目的変数 y_{ij} の条件つき分散を求めると次のようになります.

$$V[y_{ij}|x_{ij}^*] = E[(y_{ij} - E[y_{ij}|x_{ij}^*])^2]$$

$$= E[(u_{0j} + u_{1j}x_{ij}^* + r_{ij})^2]$$

$$= \tau_{00} + 2\tau_{01}x_{ij}^* + \tau_{11}x_{ij}^{*2} + \sigma^2 \tag{5.10}$$

(5.10) 式からも明らかなように,ランダム傾きを許容するモデルでは,説明変数 x_{ij}^* の値に依存して目的変数の分散が異なります.それでは具体的にどういった要因で分散が変動しているのでしょうか.(5.7) 式のランダム切片モデルの条件つき分散と比較すると,(5.10) 式には,

$$2\tau_{01}x_{ij}^* + \tau_{11}x_{ij}^{*2} \tag{5.11}$$

の 2 項が含まれる点で異なることが分かります.この 2 項は,切片と傾きの共分散

τ_{01} と，傾きの分散 τ_{11} という 2 つのランダムパラメータで構成されています．ランダムパラメータ間の相関や，ランダム傾きの集団間変動といったレベル 2 のデータ変動は，レベル 1 の説明変数の値によって増幅もしくは減衰され，（レベル 1 の）目的変数の分散に含まれるということが分かります．このように説明変数の値に依存して目的変数の分散が変動する性質を「分散不均一性」(heteroscedasticity) と呼びます．

分散不均一性は共分散にも現れます．同一の学校 j に所属する生徒 i と生徒 i' の目的変数 y_{ij}，$y_{i'j}$ の条件つき共分散は次のようになります．

$$
\begin{aligned}
Cov(y_{ij}, y_{i'j}|x_{ij}^*, x_{i'j}^*) &= E[(y_{ij} - E[y_{ij}|x_{ij}^*])(y_{i'j} - E[y_{i'j}|x_{i'j}^*])] \\
&= E[(u_{0j} + u_{1j}x_{ij}^* + r_{ij})(u_{0j} + u_{1j}x_{i'j}^* + r_{i'j})] \\
&= \tau_{00} + \tau_{01}(x_{ij}^* + x_{i'j}^*) + \tau_{11}x_{ij}^* x_{i'j}^* \qquad (5.12)
\end{aligned}
$$

ランダム切片モデルの条件つき共分散は (5.8) 式で与えられたように τ_{00} でした．これに対して，ランダム切片・傾きモデルには

$$
\tau_{01}(x_{ij}^* + x_{i'j}^*) + \tau_{11}x_{ij}^* x_{i'j}^* \qquad (5.13)
$$

の 2 項が加算されています．(5.10) 式の条件つき分散と同じように，切片と傾きの共分散 τ_{01} と，傾きの分散 τ_{11} という 2 つのランダムパラメータが，説明変数の値に応じて，目的変数のデータ変動に含まれるということが分かります．

このようにランダム傾きモデルでは，分散にも共分散にも説明変数への依存性がありますが，この性質により級内相関係数も利用し難くなります．ランダム切片モデルにおける級内相関係数は，同一集団の成員ならばどのペアを抽出して計算しても理論的には不変ですが，ランダム傾きモデルでは抽出されたペアの説明変数の値によって級内相関係数が変動してくるためです．

5.2.3　ランダム切片・傾きモデルの適用例
学校データに含まれるポストテストを目的変数，集団平均中心化 (CWC) を施したプレテストを説明変数としてランダム切片・傾きモデルを実行します．R による実行スクリプトは次のようになります．

```
> #モデルの推定
> rismodel<-lmer(post1~pre1.cwc+(1+pre1.cwc|schoolID),
+ data=data1,REML=FALSE)
```

ランダム切片とランダム傾きは (1+pre1.cwc|schoolID) の中の 1+pre1.cwc
の部分で表現されています．1 だけにすれば，上述のスクリプトは RANCOVA
モデル (4.3 節参照) のための命令になります．

lmer の出力を抜粋したものが次になります．

```
> summary(rismodel)
---一部省略--
Random effects:
 Groups    Name          Variance  Std.Dev.  Corr
 schoolID (Intercept)    53.30595   7.3011
          pre1.cwc        0.08058   0.2839  0.22
 Residual               84.91545   9.2150
Number of obs: 5000, groups:  schoolID, 50
---一部省略--

Fixed effects:
              Estimate  Std. Error       df  t value  Pr(>|t|)
(Intercept) 126.1504       1.0407  50.0000   121.21   <2e-16 ***
pre1.cwc      1.0322       0.0444  49.6400    23.25   <2e-16 ***
---
Signif. codes:  0  '***'  0.001  '**'  0.01  '*'  0.05  '.'  0.1  '
```

ランダムパラメータと固定効果の詳細な出力は以下となります．

```
> #ランダムパラメータ
> VarCorr(rismodel)
 Groups    Name          Std.Dev.  Corr
 schoolID (Intercept)    7.30109
          pre1.cwc       0.28387  0.218
 Residual               9.21496
```

5.2 ランダム切片・傾きモデル

```
> #固定効果
> fixef(rismodel)
(Intercept)      pre1.cwc
 126.150400      1.032163

> #固定効果の標準誤差
> se.fixef(rismodel)
(Intercept)      pre1.cwc
  1.0407219     0.0444008
```

信頼区間については，関数 confint を実行すると次のような出力が得られました．

```
> confint(rismodel,level=.95,method="Wald")
                   2.5 %       97.5 %
.sig01             NA          NA
.sig02             NA          NA
.sig03             NA          NA
.sigma             NA          NA
(Intercept) 124.1106225  128.190178
pre1.cwc      0.9451389    1.119187
```

.sig01 は $\sqrt{\tau_{00}}$，.sig03 は $\sqrt{\tau_{11}}$，.sigma は $\sqrt{\sigma^2}$ をそれぞれ表現しています．また，.sig02 は，ランダム効果の相関係数の推定値を表現しています．ランダムパラメータに対しては信頼区間は算出されていません．

加えて，推定されたパラメータとそれに基づいて算出された各種統計量についても表 5.3 にまとめました．

表より，ランダム切片の分散 τ_{00} の推定値は 53.306，ランダム傾きの分散 τ_{11} の推定値は 0.081 となることが分かります．切片に対して傾きの確率変動は小さい範囲に限定されることがうかがえます．また，誤差分散 σ^2 の推定値は 84.915 でした．

ランダム切片とランダム傾きの相関係数の推定値 (関数 VarCorr の出力の Corr の列を参照) は 0.218 となりました．この値と標準偏差の推定値 (Std.Dev.) を

90   5. ランダム傾きモデル

表 5.3 ランダム切片・傾きモデルの推定値

パラメータ	推定値	SE	95%CI
γ_{00}	126.150	1.041	[124.111, 128.190]
γ_{10}	1.032	0.044	[0.945, 1.119]
τ_{00}	53.306		
$\tau_{01}/(\sqrt{\tau_{00}}\sqrt{\tau_{11}})$	0.218		
τ_{11}	0.081		
σ^2	84.915		
$\mathrm{PVE}_1(\sigma^2)$	0.395		
$\mathrm{PVE}_2(\tau_{00})$	-0.010		

ここで比較している ANOVA モデルとランダム切片・傾きモデル
では β_{0j} の扱いが異なります. したがって, PVE_2 で比較する意
義が薄いともいえますが, ここではこの指標の利用例として示して
います.

利用して共分散 τ_{01} の推定値は $0.4520195 \simeq 0.218 \times 7.3011 \times 0.2839$ と求められ
ます. 一定の正の相関が確認されました.

次に, ランダム傾きを導入したことでランダム切片の分散がどれほど減少した
かについて, ANOVA モデルを基準として $\mathrm{PVE}_2(\hat{\tau}_{00})$ を求めると -0.010 のよう
に負値となりました. これは ANOVA モデルにおける τ_{00} の推定値は 52.753 で
あり, 両モデルの τ_{00} の差が $52.753 - 53.306 = -0.533$ と負値であったためです.

最後に表 5.3 で得られた推定値を利用して分散不均一性の分析をしましょう.
(5.10) 式と推定値を利用して, ポストテスト y_{ij} の条件つき分散を求めると次の
ようになります.

$$\widehat{V[y_{ij}]} = \hat{\tau}_{00} + 2\hat{\tau}_{01}x_{ij}^* + \hat{\tau}_{11}x_{ij}^{*2} + \hat{\sigma}^2$$
$$= 53.306 + 2 \times 0.452x_{ij}^* + 0.081x_{ij}^{*2} + 84.915 \qquad (5.14)$$

(5.14) 式は x_{ij}^* の関数になっています. 横軸に x_{ij}^*, 縦軸に $V[y_{ij}]$ を配置してこ
の関数を図示したものが図 5.3 の (a) です. 分散の最小値を与える x_{ij}^* は -5.80
となっています [*6].

図 5.3 の (b) は各学校のランダム切片 β_{0j} とランダム傾き β_{1j} を推定し, その
結果得られた 50 本の回帰直線を重ねて描画したものです. (a) において $V[y_{ij}]$

[*6] (5.14) 式を x_{ij}^* について微分し, その結果を 0 とおいて x_{ij}^* について解きます. つまり,
$dV[y_{ij}]/dx_{ij}^* = 2\tau_{01} + 2\tau_{11}x_{ij}^* = 0$ とし, これを x_{ij}^* について解くと $x_{ij}^* = -\tau_{01}/\tau_{11}$
となります. このデータでは $-5.80 = -0.452/0.081$ です.

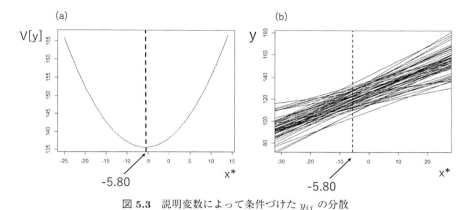

図 5.3 説明変数によって条件づけた y_{ij} の分散

が最小となる $x_{ij}^* = -5.80$ で, 回帰直線の束の厚みが薄くなっていることがうかがえます. 学校内の個人差を表す誤差分散 σ^2 は x_{ij}^* によらず一定ですから, 目的変数の分散不均一性は, 学校間で傾きと切片が異なることによって生じているということが理解できます.

5.3 切片・傾きに関する回帰モデル

このモデルは学校ごとに傾きが異なる理由を調べるために利用することができます. たとえば, 学校ごとに傾きが異なるのは, そもそも学校別にプレテストの平均が大きく異なるので, 事前の学生の能力に合わせて各学校が指導方針を変えていることが影響しているのかもしれません. 図 5.4 は, 図 5.1 で描画した 3 校の回帰直線と各学校のプレテストの平均 (破線の垂直線) の対応を示したものです.

図から明らかなようにプレテストの学校平均が高いほど, 傾きが大きくなると

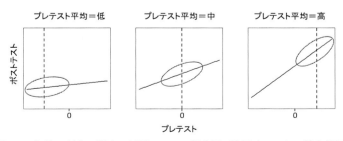

図 5.4 切片・傾きに関する回帰モデルの概念図 (楕円はデータの散布状況)

いう正の相関関係が存在しており，学校間の傾きの違いはプレテストの学校平均によってある程度説明できるということが分かります．

ここで，プレテストの平均点が高い学校 (右図) に注目すると，プレテストの最低点取得者と，最高点取得者のポストテストの得点差は，他の学校 (プレテスト平均＝低と中) に比較して最大となっています．

つまり各生徒のポストテストの得点は，生徒が所属する学校のプレテストの平均 (レベル 2 変数) と，生徒自身のプレテストの得点 (レベル 1 変数) の組み合わせによって影響を受ける可能性があります．このように，レベル 1 とレベル 2 の説明変数の値の組み合わせの効果を，「クロスレベルの交互作用効果」(cross-level interaction effect) と呼びます．

切片・傾きに関する回帰モデルでは，上にみたようにランダム傾きに関するレベル 2 の説明変数の影響を検討できるだけでなく，このクロスレベルの交互作用効果についても同様に検討できます．

このモデルは前節のランダム切片・傾きモデルを土台としているので，目的変数の分散不均一性のようなランダム傾きを許容するモデルの性質を引き継いでいます．

5.3.1 モデルの表現

ポストテスト y_{ij} をレベル 1 の目的変数，プレテスト x_{ij} をレベル 1 の説明変数とします．また学校のプレテストの平均 $\bar{x}_{.j}$ をレベル 2 の説明変数とします．

ここで x_{ij} に CWC を施し，$\bar{x}_{.j}$ を全体平均 $\bar{x}_{..}$ で偏差化したときの切片・傾きに関する回帰モデルは次のように表現されます．

レベル 1：

$$y_{ij} = \beta_{0j} + \beta_{1j}(x_{ij} - \bar{x}_{.j}) + r_{ij} \tag{5.15}$$

$$r_{ij} \sim N(0, \sigma^2) \tag{5.16}$$

レベル 2：

$$\beta_{0j} = \gamma_{00} + \gamma_{01}(\bar{x}_{.j} - \bar{x}_{..}) + u_{0j} \tag{5.17}$$

$$\beta_{1j} = \gamma_{10} + \gamma_{11}(\bar{x}_{.j} - \bar{x}_{..}) + u_{1j} \tag{5.18}$$

$$(u_{0j}, u_{1j})' \sim \mathrm{MVN}(\mathbf{0}, T) \tag{5.19}$$

まず (5.17) 式と (5.18) 式から，ランダム切片とランダム傾きが偏差化されたプ

レテスト平均 (レベル 2 の説明変数) によって説明されていることが分かります. また (5.19) 式の T に含まれるランダム切片の分散 τ_{00}, ランダム傾きの分散 τ_{11} は, レベル 2 の説明変数によって説明されなかった残差の分散になります. したがって, ランダム切片と傾きの共分散 τ_{01} は説明変数の影響を統制した上での共分散となります. この共分散から定義される相関係数は, 偏相関係数となります.

ここで (5.15) 式, (5.17) 式, (5.18) 式を併合し, 推定すべきパラメータの種類について分類してみましょう. $x_{ij}^* = (x_{ij} - \bar{x}_{.j})$, $\bar{x}_{.j}^* = (\bar{x}_{.j} - \bar{x}_{..})$ とした上で, 3 式を 1 つにまとめます.

レベル 1：

$$y_{ij} = \gamma_{00} + \gamma_{01}\bar{x}_{.j}^* + u_{0j} + (\gamma_{10} + \gamma_{11}\bar{x}_{.j}^* + u_{1j})x_{ij}^*$$

$$= \gamma_{00} + \underbrace{\overbrace{\gamma_{10}}^{個人} x_{ij}^* + \overbrace{\gamma_{01}}^{集団} \bar{x}_{.j}^* + \overbrace{\gamma_{11}}^{交互作用} \bar{x}_{.j}^* x_{ij}^*}_{固定効果}$$

$$+ \underbrace{u_{0j} + u_{1j}x_{ij}^* + r_{ij}}_{ランダム効果} \tag{5.20}$$

(5.20) 式の固定効果には, 切片 γ_{00}, プレテスト個人レベル効果 γ_{10}, プレテスト集団レベル効果 γ_{01}, プレテストのクロスレベルの交互作用効果 γ_{11} が含まれています. 固定効果に関連する説明変数は x_{ij}^*, $\bar{x}_{.j}^*$, $x_{ij}^*\bar{x}_{.j}^*$ の 3 つです.

(5.20) 式のランダム効果には, 切片のランダム効果 u_{0j}, 傾きのランダム効果と説明変数の積 $u_{1j}x_{ij}^*$, そして誤差 r_{ij} が含まれます. これまで紹介してきたモデル同様に, これらの値は直接推定されるものではなく, その変動がランダムパラメータとして得られます. 表5.4 に本モデルに登場するパラメータをまとめました.

表 **5.4** 切片・傾きに関する回帰モデルに登場するパラメータの分類

固定効果	ランダム効果	ランダムパラメータ
γ_{00}, γ_{01}, γ_{10}, γ_{11}	u_{0j}, u_{1j}	τ_{00}, τ_{11}, $\tau_{01}(\tau_{10})$, σ^2

5.3.2 適 用 例 1

学校データに含まれるポストテストを目的変数, CWC を施したプレテストをレベル 1 の説明変数, 全体平均で偏差化されたプレテストの学校平均をレベル 2

94   5. ランダム傾きモデル

の説明変数として切片・傾きに関する回帰モデルを実行します．Rによる実行スクリプトは次のようになります．

```
> #プレテストの学校平均の偏差化
> pre2.mdev<-data1$pre2.m-mean(data1$pre2.m)
>
> #モデルの実行
> crosslevel<-lmer(post1~pre1.cwc+pre2.mdev+pre1.cwc:pre2.mdev+
+ (1+pre1.cwc|schoolID),data=data1,REML=FALSE)
```

　ランダム切片とランダム傾きの分散推定モデルと同様に，ランダム切片と傾きについては (1+pre1.cwc|schoolID) の中の 1+pre1.cwc の部分で表現されています．pre1.cwc+pre2.mdev+pre1.cwc:pre2.mdev の部分で，(5.20) 式の固定効果が表現されています．pre1.cwc がプレテストの個人効果を，pre2.mdev がプレテストの集団効果を，pre1.cwc:pre2.mdev がクロスレベルの交互作用効果を表現しています．A:B で A と B の交互作用が表現されます．
　lmer の出力のうち，固定効果に該当する部分を抜粋したものが次になります．

```
> summary(crosslevel)
--一部省略--
Fixed effects:
                    Estimate Std. Error        df t value Pr(>|t|)
(Intercept)        1.262e+02  7.780e-01 5.000e+01 162.142  < 2e-16 ***
pre1.cwc           1.032e+00  4.438e-02 4.967e+01  23.258  < 2e-16 ***
pre2.mdev          1.527e+00  2.430e-01 5.000e+01   6.282 7.96e-08 ***
pre1.cwc:pre2.mdev 2.061e-03  1.386e-02 4.962e+01   0.149    0.882
---
Signif. codes:  0 '***' 0.001 '**' 0.01 '*' 0.05 '.' 0.1 ' '
```

固定効果に関する詳細な出力は次のとおりです．

```
> #固定効果
```

```
> fixef(crosslevel)
  (Intercept)       pre1.cwc       pre2.mdev    pre1.cwc:pre2.mdev
 126.15040000     1.03226311     1.52651942               0.00206092
> #固定効果の標準誤差
> se.fixef(crosslevel)
  (Intercept)       pre1.cwc       pre2.mdev    pre1.cwc:pre2.mdev
   0.77802221     0.04438229     0.24299224               0.01386114
```

　全体の切片 γ_{00}（(Intercept)）の推定値は 126.150 となっています．また，プレテストの個人レベル効果 γ_{10} の推定値（pre1.cwc）は 1.032，プレテストの集団レベル効果 γ_{01} の推定値（pre2.mdev）は 1.527 であり，これは 4.5.2 項の集団・個人レベル効果推定モデルの結果と同じになっています．

　クロスレベルの交互作用効果 γ_{11} の推定値（pre1.cwc:pre2.mdev）は 0.002 であり，実質的な効果は確認されませんでした．

　表 5.5 には固定効果だけでなく，ランダムパラメータの推定値も併記しています．ランダム切片の分散 τ_{00} の推定値は 29.417，ランダム傾きの分散 τ_{11} の推定値は 0.081 となりました．ランダム切片・傾きモデルにおける τ_{00} の推定値は 53.306 でしたから（表 5.3），このモデルを基準とするとプレテストの集団レベル効果によって，切片の分散がさらに約 45%（$0.448 \simeq (53.306 - 29.417)/53.306$）説明されたと解釈することができます（表 5.5 の PVE_2（$\hat{\tau}_{00}$）を参照）．

　それに対して，ランダム切片・傾きモデルにおける傾きの分散 τ_{11} の推定値は 0.081 であり（表 5.3），本モデルの結果と同じ値になっています．クロスレベルの交互作用効果がほぼ 0 でしたが，これは傾きの分散が全く説明されなかったことと整合しています．したがって，ランダム切片・傾きモデルを基準とした場合の $\mathrm{PVE}_2(\hat{\tau}_{11})$ も 0.000 となっています [*7)]．

　プレテストの学校平均の影響を取り除いたランダム切片とランダム傾きの偏相関係数の推定値は 0.273 となりました．共分散 τ_{01} の推定値は $0.421 \simeq 0.273 \times 5.424 \times 0.284$ と求められます．一定の正の相関が確認されました．切片と傾きにはプレテストの平均のみでは説明できない相関関係が存在しているようです．

　ランダム切片・傾きモデルを基準としたときの $\mathrm{PVE}_1(\hat{\sigma}^2)$ は 0.000 となりまし

[*7)]　$(0.081 - 0.081)/0.08 = 0.000$．$\mathrm{PVE}_2(\hat{\tau}_{11})$ は，ランダム切片・傾きモデルの τ_{11} を基準としたときの，切片・傾きに関する回帰モデルの τ_{11} の減少率になります．

表 5.5 モデルの推定値—適用例 1—

パラメータ	推定値	SE	95%CI
γ_{00}	126.150	0.778	[124.626, 127.675]
γ_{01}	1.527	0.243	[1.050, 2.002]
γ_{10}	1.032	0.044	[0.945, 1.119]
γ_{11}	0.002	0.014	[−0.025, 0.029]
τ_{00}	29.417		
$\tau_{01}/(\sqrt{\tau_{00}}\sqrt{\tau_{11}})$	0.273		
τ_{11}	0.081		
σ_2	84.916		
$\text{PVE}_1(\sigma^2)$	0.000		
$\text{PVE}_2(\tau_{00})$	0.448		
$\text{PVE}_2(\tau_{11})$	0.000		

た. これは両モデルで $\hat{\sigma}^2$ の差が $0.001\ (= 84.916 - 84.915)$ とわずかなためです.

5.3.3 適 用 例 2

最後に発展的なモデルの一例を示します. 直前の切片・傾きに関する回帰モデルで構成したモデルに, レベル 2 の説明変数として学校別の補習時間 z_j を導入します [*8].

分析モデルを以下のように構成します.

レベル 1:

$$y_{ij} = \beta_{0j} + \beta_{1j}x_{ij}^* + r_{ij} \tag{5.21}$$

レベル 2:

$$\beta_{0j} = \gamma_{00} + \gamma_{01}\bar{x}_{\cdot j}^* + \gamma_{02}z_j^* + u_{0j} \tag{5.22}$$

$$\beta_{1j} = \gamma_{10} + \gamma_{11}\bar{x}_{\cdot j}^* + \gamma_{12}z_j^* + u_{1j} \tag{5.23}$$

ただし, z_j^* は補習時間の全平均 $\bar{z}_\cdot$ からの学校 j の偏差 $z_j - \bar{z}_\cdot$ を表現します.

γ_{02} は補習時間からのランダム切片に対する影響で, 集団レベル効果です. また γ_{12} はレベル 1 のプレテストと補習時間の (クロスレベルの) 交互作用効果です. その他のパラメータは前節のモデルと等しくなっています.

[*8] 補習時間は施策として学校内の全クラスにおいて同じ時間が設定されていると考えます. 平均値ではないため, $\bar{z}_{\cdot j}$ ではなく z_j という表記を利用しています.

5.3 切片・傾きに関する回帰モデル   97

(5.21) 式, (5.22) 式, (5.23) 式をまとめ, 各効果に分解すると次のようになります.

$$y_{ij} = \underbrace{\gamma_{00} + \overbrace{\gamma_{10}\, x^*_{ij}}^{個人} + \overbrace{\gamma_{01}\, \bar{x}^*_{\cdot j}}^{集団} + \overbrace{\gamma_{02}\, z^*_j}^{集団} + \overbrace{\gamma_{11}\, \bar{x}^*_{\cdot j} x^*_{ij}}^{交互作用} + \overbrace{\gamma_{12}\, z^*_j x^*_{ij}}^{交互作用}}_{固定効果}$$

$$+ \underbrace{u_{0j} + u_{1j} x^*_{ij} + r_{ij}}_{ランダム効果} \tag{5.24}$$

R の実行スクリプトを以下に示します.

```
> #補習時間の偏差化
> time2.dev<-data1$time2-mean(data1$time2)
>
> #モデルの実行
> crosslevel2<-lmer(post1~pre1.cwc+time2.dev+pre2.mdev+
+ (pre1.cwc:time2.dev)+(pre1.cwc:pre2.mdev)+
+ (1+pre1.cwc|schoolID),data=data1,REML=FALSE)
> summary(crosslevel2)
```

前項の適用例 1 のモデルと異なるのは, 補習時間の集団レベル効果を表現する項 time2.dev と, プレテストのクロスレベルの交互作用効果を表現する項 (pre1.cwc:time2.dev) が追加されている点です.

表 5.6 に lmer の出力をまとめました. 新たに投入した補習時間の集団レベル効果 γ_{02} の推定値は 0.155 でしたが, 信頼区間が 0 を含んでいるため効果が 0 という帰無仮説を棄却できませんでした. また, 補習時間とプレテストのクロスレベルの交互作用効果 γ_{12} は 0.057 でしたが, やはり信頼区間が 0 を含んでいます.

以上からランダム傾きはプレテストの学校平均や, 補習時間によっては説明されないと解釈することができます. また, 適用例 1 のモデルを基準として 3 つの PVE を求めています (表 5.6). レベル 1 の誤差分散 σ^2 とランダム切片の分散 τ_{00} の PVE は 0 に近く補習時間を追加したことによって新たに説明される分散成分はほとんどないと理解できます. 一方, ランダム傾きの分散 τ_{11} については, PVE が 0.136 であり, 補習時間を追加したことによってランダム傾きの分散成分の 13.6% が新たに説明されたと解釈できます.

表 5.6 モデルの推定値—適用例 2—

パラメータ	推定値	SE		95%CI
γ_{00}	126.150	0.778	[124.626,	127.675]
γ_{01}	1.535	0.246	[1.052,	2.017]
γ_{02}	0.155	0.781	[-1.377,	1.686]
γ_{10}	1.032	0.044	[0.947,	1.118]
γ_{11}	0.005	0.014	[-0.022,	0.032]
γ_{12}	0.057	0.044	[-0.029,	0.142]
τ_{00}	29.393			
τ_{01}	0.413			
τ_{11}	0.077			
σ_2	84.916			
$\mathrm{PVE}_1(\sigma^2)$	0.000			
$\mathrm{PVE}_2(\tau_{00})$	0.001			
$\mathrm{PVE}_2(\tau_{11})$	0.136			

5.4 モ デ ル 比 較

さて，第 4 章，第 5 章を通じて同一データに様々なマルチレベルモデルを適用してきました．本章の最後に，これらの候補となるモデルのうち，どれを採択するかについて客観的基準によって判断をしたいと思います．この判断には尤度比検定と情報量規準を用います．

5.4.1 モデルのネスト関係

これまでに解説したモデル間の関係性について図 5.5 にまとめました．この図は本章で解説したモデルの設定 (説明変数やパラメータの設定) に依存していますのでその点は注意してください．

図を参照すると，たとえば，RANCOVA モデルで $b_1 = 0$ ならば ANOVA モデルになることが分かります．また平均に関する回帰モデルで $\gamma_{01} = 0$ とすると，やはり ANOVA モデルになることが分かります．このことは，より複雑なモデルのパラメータを 0 にしたり，定数にした場合に，それが単純なモデルとして表現できるのならば，その単純なモデルは複雑なモデルにネストしているということ

を表しています[*9].

図 5.5 で矢印の受け手のモデルは,送り手のモデルにネストしていることを表現しています.また ANOVA モデルと切片・傾きに関する回帰モデルは間に 3 つのモデルをはさんでリンクしていますが,両モデルもやはりネスト関係にあります.5.4.2 項で解説する尤度比検定によるモデル比較の際には両モデルがネスト関係であることが求められます.

ただし,この図では集団・個人レベル効果推定モデルと RANCOVA モデルはリンクしていません.これは前者がレベル 1 の説明変数に対して CWC を行っているのに対し,後者は全体平均中心化 (CGM) を行っているからです.集団・個人レベル効果を推定するモデルのどのパラメータを 0 にしても説明変数を CWC することはできませんから,両モデルはネスト関係にありません.

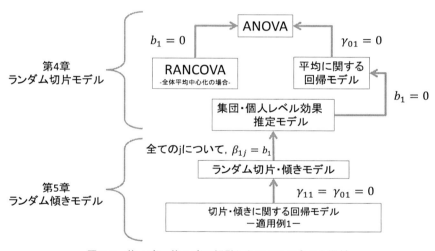

図 5.5　第 4 章・第 5 章で解説したモデルのネスト関係

5.4.2　尤 度 比 検 定

ネスト関係にあるモデルの相対的な適合の良さを検証する方法として尤度比検定 (likelihood ratio test) が利用できます.尤度 (likelihood, L) とはモデル中のパラメータの候補が手元のデータをどの程度尤もらしく説明できているかに関

[*9] 小さなマトリョーシカ (単純なモデル) は大きなマトリョーシカ (複雑なモデル) の入れ子になって (ネストして) います.ちなみに,「入れ子人形」の英訳は nested doll です.

する指標です．最尤法 (maximum likelihood method) とはその尤度を最大化するパラメータを最有力候補として推定する手法です．最尤法によってパラメータの推定値が得られたのならば，最大化された尤度 (最大尤度) も同時に保存されています．

同じデータに対してネスト関係にある複数のモデルを当てはめる場合には，モデル間で最大尤度に差が生じる可能性があります．つまり 2 つの最大尤度の比によってモデルの相対的適合の良さが考察できるのです．ただし最尤法によるパラメータ推定では，数値計算の都合上，自然対数変換された尤度を最大化します．したがって，最大化された対数尤度 (log-likelihood, $\log L$) の差によってモデルの適合を考察します [*10)]．

A をネストするモデル，B をネストされるモデルとしたとき，両者の最大対数尤度 $\log L_A$, $\log L_B$ から χ^2 検定統計量を構成できます [*11)]．

$$\chi^2(df) = -2(\log L_A - \log L_B) \tag{5.25}$$

$$df = p_B - p_A \tag{5.26}$$

ここで df は自由度を，p は添え字に対応するモデルのパラメータの数です．この χ^2 検定が有意ならばモデル B で投入したパラメータは適合度の向上に貢献したと考えることができます．

また，対数尤度に -2 を乗じた値 ($-2 \log L$) を「逸脱度」(deviance, D) と呼びます．この値はモデルとデータの乖離の程度を表現しており，値が大きいほどモデルの適合が悪いと解釈できます．2 つのモデルの逸脱度の差

$$\chi^2(df) = D_A - D_B \tag{5.27}$$

も χ^2 検定統計量として利用できます [*12)]．自由度は (5.26) 式と同じです．

5.4.3 AIC と BIC

パラメータをふんだんに使った複雑なモデルは手元の標本データをよく説明するようになります．一方で他のデータに対する当てはまりはかえって悪くなる場

[*10)] $\log (A/B) = \log(A) - \log(B)$
[*11)] この関係は標本サイズが十分大きい場合に漸近的に成り立つものであることに注意してください．
[*12)] (5.25) 式でも (5.27) 式は本質的には同等なのですが，ソフトウェアの出力では逸脱度しか表示しかない場合もあります．したがって，両者の関係を知っておくと役に立つ場合があります．

合もあります．どの標本でも一般的に適合するモデルを「良いモデル」と考えるとき，そのモデルの良さを「情報量規準」と呼ばれる統計指標によって表現することができます．情報量規準としてよく利用されるものに AIC (Akaike information criterion：赤池情報量規準) と BIC (Bayesian information criterion：ベイズ情報量規準) があります．

上述の「良いモデル」を，最大対数尤度の期待値が高いモデルと定義します．最大対数尤度とはモデルのある一つの標本データに対する当てはまりの良さを表現していますから，その他の様々な標本データに対して平均的に当てはまりが良いものを「良いモデル」とします．この期待値は「平均最大対数尤度」と呼ばれますが，この値は

$$E[\log L] = \log L - p \tag{5.28}$$

と求められます．この値を利用して AIC が，

$$\text{AIC} = -2E[\log L] = D + 2p \tag{5.29}$$

と定義されます．AIC は平均最大対数尤度に -2 をかけたものですから，値が小さいほど良いモデルであると解釈します．また，AIC と似た指標に BIC があります．BIC は

$$\text{BIC} = D + p\log(n) \tag{5.30}$$

と定義されます．ここで $\log(n)$ はデータセットの標本サイズ n の自然対数です．標本サイズ n が大きいほど AIC に比較して BIC の方がより説明変数の少ないモデルを高く評価する傾向にあります．

AIC・BIC はネストしていないモデル間の比較の際にも利用できます．たとえば図 5.5 の RANCOVA モデルと平均に関する回帰モデルはネスト関係にありませんから尤度比検定は適用できませんが，AIC・BIC による比較は可能です．

ただし，RANCOVA モデルと集団・個人レベル効果推定モデルは，同じ説明変数に対して前者が CGM を，後者が CWC を施しています．このように同一変数に対して異なる中心化法を適用したモデル比較において情報量規準を利用することは一般的ではありません [13]．

---

[13] この点に関しては南風原 (2014) の記述も参考になります．

5.4.4 適 用 例

表5.7に，図5.5に示したモデルの最大対数尤度，逸脱度，AIC，BICを掲載しました．パラメータの数にはランダム効果 u_{0j}，u_{1j} はカウントされていないことに注意してください[*14]．AICとBICの観点からはパラメータの数が多いランダム切片・傾きモデル (E) と，切片・傾きに関する回帰モデル (F) が同等の適合であり，他のモデルよりもよくデータにフィットしていることがうかがえます．両モデルともにランダム傾きモデルですから，傾きの集団間変動を認めることがモデルの適合において重要であったということがうかがえます．

RANCOVAモデル (B) と集団・個人レベル効果推定モデル (D) とは同一変数に対して異なる中心化を行っているので，AICとBICを用いてモデル比較することには注意が必要です．

表 5.7　最大対数尤度・逸脱度・AIC・BIC

モデル名	パラメータの数 p	最大対数尤度	逸脱度 D	AIC	BIC
A：ANOVA モデル	3	-19545	39089	39095	39115
B：RANCOVA モデル	4	-18399	36799	36807	36833
C：平均に関する回帰モデル	4	-19530	39060	39068	39094
D：集団・個人レベル効果推定モデル	5	-18397	36795	36805	36837
E：ランダム切片・傾きモデル	6	-18344	36689	36701	36740
F：切片・傾きに関する回帰モデル	8	-18329	36659	36675	36727

次に互いにネスト関係にあるモデルA，C，D，E，Fを用いて尤度比検定を行います．すべての組み合わせで尤度比検定を行うことも可能ですが，ここでは隣り合うモデルどうしで比較を行います．表5.8に尤度比検定の結果を掲載しました．

表5.8から，たとえば，平均に関する回帰モデル (C) と，集団・個人レベル効

表 5.8　ネストモデルの尤度比検定

モデル名	パラメータの数	逸脱度 D	χ^2	df	p
A：ANOVA モデル	3	39089	$-$	$-$	$-$
C：平均に関する回帰モデル	4	39060	29.092	1	.000
D：集団・個人レベル効果推定モデル	5	36795	2265.692	1	.000
E：ランダム切片・傾きモデル	6	36689	105.879	1	.000
F：切片・傾きに関する回帰モデル	8	36659	30.206	2	.000

[*14]　制限つき最尤法でパラメータ推定する際には，他のパラメータを推定した後に，その結果を利用してランダム効果 u_{0j}，u_{1j} を推定します．最尤推定法の尤度に直接的にはランダム効果 u_{0j}，u_{1j} は含まれません．

果推定モデル (D) の逸脱度の差は $\chi^2 = 2265.692$ であり，$df = 1$ の χ^2 分布のも
とで有意であることが読み取れます．つまり集団レベル効果だけでなく，個人レ
ベル効果もモデル化した方がデータへの適合は有意に高いということです．

このモデルにさらにランダム傾きを投入したのがランダム切片・傾きモデル (E)
でしたが，尤度比検定の結果は有意でした．さらにこのモデルにレベル 2 の説明
変数を投入した切片・傾きに関する回帰モデル (F) についても尤度比検定の結果
は有意となっていました．したがって，AIC と BIC による判断結果と同様に，よ
り複雑なランダム傾きモデルの適合の良さ，特に切片・傾きに関する回帰モデル
の適合の良さが示唆される結果となりました．

表 5.7 と表 5.8 に記載された情報は R の関数 anova と関数 lmer のオブジェク
トを利用して求めています．anova によってモデルの最大対数尤度や各種情報量
規準を表示させることができるほか，同時にオブジェクトを投入したモデル間で
尤度比検定を実行できます [*15)]．表 5.8 で比較したモデル A，C，D，E，F につ
いて，情報量規準の算出や尤度比検定を行うためには次のように指定します．

```
> anova(anovamodel,maomodel,bweffectmodel,rismodel,crosslevel)
```

ここで，上記の尤度比検定は隣り合うモデルについてのみ実行されるというこ
とに注意してください [*16)]．上述の例ならば，ANOVA モデルのオブジェクト
anovamodel と平均に関する回帰モデルのオブジェクト maomodel が隣り合って
関数 anova に与えられていますから，両者の間で尤度比検定が実行されます．

このスクリプトの出力は次のようになります．出力中の object の行がモデル
A，..1 の行がモデル C，··· というようにそれぞれ対応しています．Df はモデル
中のパラメータの数，logLik は最大対数尤度，deviance は逸脱度，Chisq は χ^2
値，Chi Df は χ^2 の自由度，Pr(>Chisq) は有意確率をそれぞれ表現しています．

```
-- 一部省略 --
        Df   AIC   BIC  logLik  deviance   Chisq  Chi Df  Pr(>Chisq)
object   3 39095 39115 -19545    39089
..1      4 39068 39094 -19530    39060   29.092       1  6.903e-08 ***
```

[*15)] 1 つのオブジェクトしか投入しないのならば尤度比検定は行いません．

[*16)] 先に述べたとおり，理論的にはネストしたモデルどうしであれば尤度比検定は実行可能です．

```
..2     5 36805 36837 -18397    36795 2265.692      1   < 2.2e-16 ***
..3     6 36701 36740 -18344    36689  105.879      1   < 2.2e-16 ***
..4     8 36675 36727 -18329    36659   30.206      2   2.759e-07 ***
---
Signif. codes:  0 '***'  0.001  '**'  0.01  '*'  0.05  '.'  0.1  '
```

5.5　その他の指標を利用したモデル比較

　尤度比検定や AIC や BIC といった情報量規準はモデル比較の際に有用ですが，それらの数値のみによってモデル選択を行うのは控えた方がよいでしょう．さらに次に示すような指標を利用して多角的に診断するのが分析において誠実な態度といえます．

5.5.1　条件つき級内相関係数と分散説明率

　第 4 章で RANCOVA モデル (4.3.4 項) について解説したように，条件つき級内相関係数 ρ_{cond} はレベル 1 の変数の説明力を表現します．したがって，レベル 1 の説明変数の投入の是非を決定する判断材料として ρ_{cond} を参照することは有効です．

　また，4.3.4 項，4.4.2 項で RANOVA モデルと平均に関する回帰モデルについて解説したように，レベル 1 の分散説明率 PVE_1 やレベル 2 の分散説明率 PVE_2 は，それぞれレベル 1 の説明変数とレベル 2 の説明変数の説明力を表現します．この指標はレベル 1 とレベル 2 の説明変数の投入を決定する際に利用できます．

5.5.2　ランダム効果の分析

　ランダム効果の推定値 $\hat{u}_{0j}$，$\hat{u}_{1j}$ はレベル 2 の説明変数では説明しきれない集団レベルのデータ変動を表現しており，モデルに投入する説明変数を検討する上で有用な指標です．この推定値と相関を持つレベル 2 の説明変数が手元にあるのなら，それはランダム切片やランダム傾きを予測するレベル 2 の説明変数として投入すべきです．

　たとえば，学校データに関して，尤度比検定，AIC，BIC の各指標によれば，平均に関する回帰モデルは ANOVA モデルに比較して良い適合を示しています．

ここでは切片のランダム効果 u_{0j} の観点から両モデルを評価します．

ANOVA モデルにおけるランダム効果の推定値 $\hat{u}_{0j}$ と，平均に関する回帰モデルにて投入されたプレテストの学校平均との散布図を図 5.6 に示します．この散布図の相関係数は 0.664 であり無視できない水準です．つまりプレテスト平均はモデルに積極的に投入すべき変数であることを示唆しています．

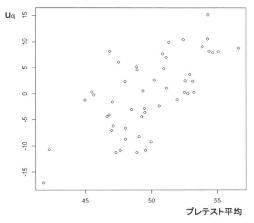

図 5.6　プレテスト平均とランダム切片の残差との散布図

平均に関する回帰モデルでは，プレテストの学校平均をモデル 2 の説明変数として投入していますから，より予測力の高いモデルとなっています．このことは，$\text{PVE}_2(\hat{\tau}_{00})$ が 0.452 と非常に高かったこと (4.4.3 項参照) とも対応しています．このようにモデル選択については，様々な指標の結果を統合して判断することが肝要です．

5.6　本章のまとめ

1. 切片だけでなく傾きの分散にも関心がある場合にはランダム切片・傾きモデルを利用する．このモデルでは説明変数によって目的変数の分散が変動するという分散不均一性があるため級内相関係数の解釈には注意が必要である．
【ランダム切片・傾きモデル】
レベル 1：
$$y_{ij} = \beta_{0j} + \beta_{1j}(x_{ij} - \bar{x}_{j.}) + r_{ij}$$

レベル2：

$$\beta_{0j} = \gamma_{00} + u_{0j}$$

$$\beta_{1j} = \gamma_{10} + u_{1j}$$

2. ランダム切片とランダム傾きに対してレベル2の説明変数の影響を検討する場合には，切片・傾きに関する回帰モデルを利用する．このモデルを利用する場合には，レベル1の説明変数の集団平均などをレベル2の説明変数として投入することで，同一変数の集団レベル効果，個人レベル効果，そしてクロスレベルの交互作用効果について同時に検討できるようになる．

【切片・傾きに関する回帰モデル】

レベル1：

$$y_{ij} = \beta_{0j} + \beta_{1j}(x_{ij} - \bar{x}_{j.}) + r_{ij}$$

レベル2：

$$\beta_{0j} = \gamma_{00} + \gamma_{01}(\bar{x}_{.j} - \bar{x}_{..}) + u_{0j}$$

$$\beta_{1j} = \gamma_{10} + \gamma_{11}(\bar{x}_{.j} - \bar{x}_{..}) + u_{1j}$$

3. モデル比較には AIC，BIC，尤度比検定が利用できる．これらの指標の他に，第4章で解説した PVE_1 や PVE_2，ρ_{cond}，そしてランダム効果 u_{0j}，u_{1j} の推定値などを併用し，モデル適合について多角的に評価することが重要である．

○付録1　関数 lmer の記法

関数 lmer におけるモデルの記法についてレベル数が2の場合に限定して解説を行います．説明のため，生徒を i，学校を j で表現し，レベル1の目的変数を $y1_{ij}$，レベル1の説明変数を $x1_{ij}$，それに CWC を施したものを $x1.\text{cwc}_{ij}$，説明変数 $x1$ のレベル2での偏差化された集団平均を $x2.\text{dev}_{.j}$ とします．

これらの変数によって，(5.15) 式，(5.17) 式，(5.18) 式のクロスレベルの交互作用効果モデルを表現すると，次のようになります．

レベル1：

$$y1_{ij} = \beta_{0j} + \beta_{1j}x1.\text{cwc}_{ij} + r_{ij}$$

レベル2：

$$\beta_{0j} = \gamma_{00} + \gamma_{01}x2.\text{dev}_{.j} + u_{0j}$$

$$\beta_{1j} = \gamma_{10} + \gamma_{11} x2.\mathrm{dev}_{\cdot j} + u_{1j}$$

このマルチレベルモデルはレベル 1 の方程式とレベル 2 の方程式によって構成されていますが，次のようにレベル 1 の方程式に統合することができます．

レベル 1：

$$y1_{ij} = \gamma_{00} + \gamma_{01} x2.\mathrm{dev}_{\cdot j} + u_{0j} + (\gamma_{10} + \gamma_{11} x2.\mathrm{dev}_{\cdot j} + u_{1j}) x1.\mathrm{cwc}_{ij} + r_{ij}$$

$$= \gamma_{00} + \overbrace{\gamma_{01}}^{集団} x2.\mathrm{dev}_{\cdot j} + \overbrace{\gamma_{10}}^{個人} x1.\mathrm{cwc}_{ij} + \overbrace{\gamma_{11}}^{交互作用} x2.\mathrm{dev}_{\cdot j} x1.\mathrm{cwc}_{ij}$$
$$\underbrace{\phantom{= \gamma_{00} + \gamma_{01} x2.\mathrm{dev}_{\cdot j} + \gamma_{10} x1.\mathrm{cwc}_{ij} + \gamma_{11} x2.\mathrm{dev}_{\cdot j} x1.\mathrm{cwc}_{ij}}}_{固定効果}$$

$$+ \underbrace{u_{0j} + u_{1j} x1.\mathrm{cwc}_{ij} + r_{ij}}_{ランダム効果} \tag{5.31}$$

関数 lmer でモデルを記述する場合には，レベル 1 で定義される (5.31) 式を意識する必要があります．

このレベル 1 のモデル表記を用いると，本分析で，集団レベル効果，個人レベル効果，クロスレベルの交互作用効果，ランダム効果という 4 つの効果が得られることが分かりますが，関数 lmer に与えるスクリプトは，この 4 つの効果に関連する部分で構成されています．

このモデルに対応するスクリプトは次のようになります．

```
y1~x2.dev+x1.cwc+x2.dev:x1.cwc+(1+x1.cwc|schoolID)
```

ここで y1 は $y1_{ij}$，x2.dev は $x2.\mathrm{dev}_{\cdot j}$，x1.cwc は $x1.\mathrm{cwc}_{ij}$，schoolID は学校の区別をそれぞれ表現しています．

スクリプトでは，x2.dev+x1.cwc+x2.dev:x1.cwc の部分で，(5.31) 式の集団レベル効果，個人レベル効果，クロスレベルの交互作用効果が表現されています．さらにこの指定で，全体切片 γ_{00} も表現されます．この 4 つは固定効果ですが，lmer で固定効果を記述する場合には，ただ，その説明変数名を~の右側に+演算子でつないで記述すればよいということが分かります．交互作用を表現する際には：を利用しますが，この記法は lmer に限らず，R の基本関数に広く採用されているものです．

続いて (1+x1.cwc|schoolID) の部分では，ランダムに変動する切片 u_{0j} (1 で指定) や説明変数 $x1.\mathrm{cwc}_{ij}$ のランダムに変動する傾き u_{1j} (x1.cwc で指定) につ

いて，そのランダムパラメータ (すなわち分散成分 τ_{00}，τ_{11}) を推定することを表現しています．つまり，(5.31) 式のランダム効果の部分についてその分散成分を推定することを表現しています．ランダム切片とランダム傾きが両方記述されている場合には，強制的に両者の共分散 $\tau_{01}(\tau_{10})$ も推定します．

　ランダム切片を表現する 1 を-1 とすることで，切片を固定することが可能です．(-1+x1.cwc|schoolID) と記述するなら固定切片，ランダム傾きを許容するモデルとなります．この場合，共分散 τ_{01} は推定されません [17]．

　誤差分散 σ^2 については，スクリプト中で明示的に記述することはありません．

　以上のように，lmer に与えるモデルのスクリプトは，レベル2のモデルをレベル1のモデルに統合し，集団レベル効果，個人レベル効果，クロスレベルの交互作用効果，ランダム効果に分類していくことで記述していきます．やや煩雑な手続きとなりますが，自分が分析するモデルが含む効果についての意識が明確になります．

文　　献

1)　南風原朝和 (2014)．続・心理統計学の基礎—統合的理解を広げ深める，有斐閣．

---

[17]　一方が変数，他方が定数の共分散は求めることができません．

6

説明変数の中心化

説明変数の中心化の影響は，単回帰分析においては難しい問題ではありません．単回帰分析では説明変数 x から平均 $\bar{x}$ を引いて中心化を行うと，切片の推定量は $\bar{y}$ になりますが，傾きや誤差分散などそれ以外の推定量は変化しません．

しかし，マルチレベルモデルにおける中心化のうち，特にレベル 1 の説明変数の中心化は単純な問題ではありません．まず，中心化の方法には集団平均中心化 (CWC) と全体平均中心化 (CGM) があります．そして，中心化をしないという選択肢もあります．この 3 つのうちどれを選択するかによって，切片のみならず傾きや分散・共分散のパラメータも影響を受け，異なる推定値になります．異なる推定値になるということは，選択した中心化によってパラメータの持つ意味が異なるということです．したがって，マルチレベルモデルにおけるレベル 1 の説明変数の中心化は研究課題に依存して選択するものです．

中心化の方法についてはすでに 3.3 節，第 4 章，第 5 章で説明しました．本章では 3.3 節の復習をしつつ，CWC と CGM の性質および違いについてより詳しく説明します．そしてその性質を考慮しながら，研究課題に応じてどちらを選択すべきか説明します．また，中心化を行わないという選択肢についても説明します．レベル 2 の説明変数の中心化についても 6.4 節で扱います．

6.1　データの説明と 3.3 節の復習

本章では，表 6.1 に示した職場データを使います．これも人工データですが[*1]，幸福度と就業時間の関係を調べることを研究課題とします．変数「従業員」は全従業員の ID，「企業」は企業の ID，「内番号」は企業内の従業員 ID，「幸福度」は

[*1]　第 1 章以降で用いている学校データ (表 1.1) に若干の変更を加え，変数名を変えたものです．

110　　　　　　　　　　　6. 説明変数の中心化

表 **6.1**　マルチレベルモデルの架空データ (幸福度と就業時間)

従業員	内番号	幸福度	就業時間	企業	サイズ
worker		hap1	work1	company	size2
1	1	47	150	1	261
2	2	53	114	1	261
3	3	46	106	1	261
⋮	⋮	⋮	⋮	⋮	⋮
100	100	48	120	1	261
101	1	36	96	2	274
102	2	43	105	2	274
⋮	⋮	⋮	⋮	⋮	⋮
5000	100	59	139	50	242

従業員ごとの幸福度の尺度得点,「就業時間」は各従業員のひと月の平均就業時間,「サイズ」は企業内の従業員数です. このデータはある企業の母集団から 50 企業を抽出し, 抽出された企業から従業員が 100 名ずつ抽出されているとします.

これらの変数のうち,「幸福度」と「就業時間」は個人レベルの変数,「サイズ」は企業レベルの変数です. 表 6.1 の 2 行目の worker から size2 までは, R で読み込むためのデータファイル「職場データ」における変数名です.「職場データ」に含まれない変数については空欄になっています. レベル 1 の説明変数である就業時間に対する中心化の考え方を理解してもらうのが本章の最大の目標です.

CWC は, 説明変数 x_{ij} から所属する集団の平均 $\overline{x}_{\cdot j}$ を引く操作 $x_{ij} - \overline{x}_{\cdot j}$ のことです. 一方, CGM とは, 説明変数 x_{ij} から全標本 $M = nN$ に関する x_{ij} の全体平均 $\overline{x}_{\cdot\cdot}$ を引く操作 $x_{ij} - \overline{x}_{\cdot\cdot}$ のことです.

6.1.1　集団平均中心化の復習

就業時間に対して集団平均中心化 (CWC) を行ってみます. R によって集団平均を求めるためのスクリプトは以下になります [*2)].

```
> #データの読み込み
> data2<-read.csv("職場データ. csv")
> #集団平均の計算
```

[*2)]　第 3 章との違いはデータだけなので, 関数の説明は省きます.

6.1 データの説明と 3.3 節の復習 *111*

```
> (work2.m<-ave(data2$work1,data2$company))
   [1] 126.39 126.39 126.39 126.39 126.39 126.39 126.39 126.39 126.39 126.39
   省略
 [101] 108.66 108.66 108.66 108.66 108.66 108.66 108.66 108.66 108.66 108.66
   省略
[4991] 126.48 126.48 126.48 126.48 126.48 126.48 126.48 126.48 126.48 126.48
>
> #集団平均中心化
> (work1.cwc<-data2$work1-work2.m)
   [1] 23.61 -12.39 -20.39   6.61 -4.39  -9.39 16.61  0.61 21.61   3.61
  [11] 12.61   6.61  -6.39 -17.39 20.61 -18.39 13.61 -2.39  8.61 -10.39
   省略
[4991] 16.52  34.52  -0.48  13.52  1.52  20.52  2.52  8.52 -10.48  12.52
```

CWC を行った結果を表 6.2 に示しました. x_{ij} が企業 j に所属する従業員 i の就業時間, $\overline{x}_{.j}$ が就業時間に関する企業 j の集団平均, $x_{ij} - \overline{x}_{.j}$ が CWC 後の値です. R の計算結果と表 6.2 の数値の対応を確認してください.

図 6.1 (図 3.1 を再掲) に架空のデータを使って CWC の様子を図示しました. 図 6.1 の左図は中心化前の変数 x_{ij} を集団ごとに描いた散布図です. 3 つの破線がそれぞれの集団平均の位置, 点線が後述する全体平均の位置を示しています. 集団平均は 10, 27, 38 としました. 集団内の個人数は等しいと仮定すると全体平均は 25 になります.

CWC を行うと, 各集団内では説明変数の平均が 0 になります. したがって CWC 後の散布図は, 図 6.1 右上の図のようにすべての集団内の値が 0 を平均と

表 **6.2** マルチレベルモデルの架空データ (CWC と CGM)

従業員	企業	就業時間 (x_{ij})	$\overline{x}_{.j}$	$x_{ij} - \overline{x}_{.j}$	$\overline{x}_{..}$	$x_{ij} - \overline{x}_{..}$
1	1	150	126.39	23.61	126.1504	23.8496
2	1	114	126.39	-12.39	126.1504	-12.1504
3	1	106	126.39	-20.39	126.1504	-20.1504
⋮	⋮	⋮	⋮	⋮	⋮	⋮
100	1	120	126.39	-6.39	126.1504	-6.1504
101	2	96	108.66	-12.66	126.1504	-30.1504
102	2	105	108.66	-3.66	126.1504	-21.1504
⋮	⋮	⋮	⋮	⋮	⋮	⋮
5000	50	139	126.48	12.52	126.1504	12.8496

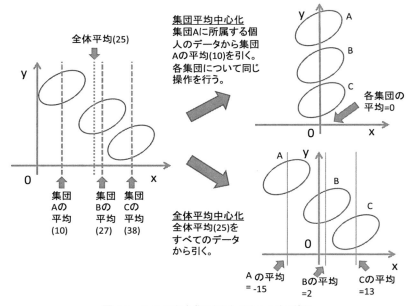

図 6.1 2 つの中心化の図示 (図 3.1 を再掲)

して散らばるようになります.また,各集団内では説明変数の平均が 0 なので,説明変数に関する集団間のバラつき (集団平均のバラつき) は 0 であることも分かります.CWC は,説明変数に関する集団間の違いを排除することともいえます.これは CWC の大きな特徴です.

6.1.2 全体平均中心化の復習

次に,data2 の就業時間に全体平均中心化 (CGM) を行うための R スクリプトは以下になります.

```
> #全平均による中心化
> (work1.cgm<-data2$work1-mean(data2$work1))
   [1]   23.8496 -12.1504 -20.1504   6.8496  -4.1504  -9.1504  16.8496
   [8]    0.8496  21.8496   3.8496  12.8496   6.8496  -6.1504 -17.1504
  省略
[4999] -10.1504  12.8496
```

表 6.2 の $x_{ij} - \bar{x}_{..}$ が CGM 後の値です.ここでも,R の結果と表 6.2 の数値の

対応を確認してください.

図 6.1 右下には CGM の様子も示されています. 図 6.1 では全体平均が 25 なので，すべての x_{ij} から 25 を引いたものを新たな説明変数にすることになります.

CGM を行うと，横軸上の位置は変わるもののプロットの相対的な位置関係は変わらないため，変数間の関係性には影響がないことが分かります. よって，CGM を行ったとしても，中心化を行わない場合と比べて傾きパラメータの推定値には違いはありません [3]. しかしながら，CGM は CWC を行った場合とは推定値に違いがありそうです. ここまでが 3.3 節の復習です. 以降ではこれらの点について，より深く説明していきます.

6.2 節と 6.3 節はやや抽象的な内容になっています. しかしながら，6.5 節で説明するように，CGM と CWC は研究課題ごとに使い分ける必要があるため，マルチレベルモデルを適用する際には極めて重要な事項です.

6.2 集団平均中心化の性質

本節では CWC の性質について詳しく説明していきます. また，本節以降では x_{ij} に CWC を行った $x_{ij} - \overline{x}_{.j}$ を x.cwc と表記します.

6.2.1 集団レベルの変数との相関

まず，x.cwc と集団レベルの変数との相関を計算してみます. 集団レベルの変数としては，幸福度 (y_{ij} とします) の集団平均 $\overline{y}_{.j}$，就業時間 x_{ij} の集団平均 $\overline{x}_{.j}$，企業サイズがあります. それぞれと CWC 後の就業時間 x.cwc の相関を計算するための R スクリプトは以下になります.

新たに作成する hap2.m は，幸福度の集団平均です. 集団平均の値は集団数分しか値がないので，従業員レベルの変数との相関が求まるよう，同じ企業内の従業員には同じ集団平均を与える操作を行っています.

```
> #幸福度の集団平均の計算
> hap2.m<-ave(data2$hap1,data2$company)
>
```

---

[3] 本章の付録 1 で証明します.

```
> #幸福度の集団平均と就業時間の集団平均中心化後の値との相関
> cor(hap2.m,work1.cwc)
[1] -5.932023e-17
>
> #就業時間の集団平均と就業時間の集団平均中心化後の値との相関
> cor(work2.m,work1.cwc)
[1] -1.64335e-17
>
> #企業サイズと就業時間の集団平均中心化後の値との相関
> cor(data2$size2,work1.cwc)
[1] -1.06641e-16
```

　結果はすべてほぼ0になります[*4]．つまり，個人レベルの変数の集団平均で
あろうが，もともと集団レベルの変数であろうが，それらとCWC後の変数との
相関は0になります[*5]．

　また，6.1.1項で述べたようにCWC後の変数の集団jにおける平均はすべて
のjについて0なので，CWC後の変数には集団レベルの違い(情報)が含まれま
せん．後述するように，このことはCWCとCGMの使い分けに際して大きな意
味を持ちます．

6.2.2 集団平均中心化後の変数の持つ意味

　2.7節および3.3節において，レベル1の変数からその集団平均を引いた値は
集団内での個人差を表すと述べました．CWC後の変数の持つ意味はまさにこれ
です．work1.cwcは所属する企業内の全従業員の平均就業時間に比べて，ある従
業員の就業時間がどの程度長いか短いかを表します．したがって，同じような立
場の従業員に関するデータならば，work1.cwcは他の従業員との就業時間に関す
る不公平感を含んでいるとも考えられます．

　あるいは，いくつかの学校を選び，学校から選ばれた生徒から成績のデータを
得たとします．このとき，成績についてのCWC後の値は，ある学校の全生徒の
平均点と比べて，ある生徒の得点がどの程度高いか低いかを表しています．この

[*4] 理論的には0になりますが，ソフトウェアによる標本データの分析では完全に0にはなりません．
[*5] この証明は本章の付録2で行います．

ように，CWC 後の変数は，中心化前の変数とは異なる意味を持ちます．

したがって，$\overline{\text{work2}}_{.j}$ を企業 j の平均就業時間として (レベル 2 の変数なので変数名に 2 がついており，R スクリプトでは `data2$work2.m` で表されています)，

$$\text{hap1}_{ij} = \beta_{0j} + \beta_{1j}(\text{work1}_{ij} - \overline{\text{work2}}_{.j}) + r_{ij}$$
$$= \beta_{0j} + \beta_{1j}\text{work1.cwc} + r_{ij} \tag{6.1}$$

としたとき，このモデルで分析を行うと，β_{1j} は同じ企業内における就業時間の相対的な長さが幸福度にどれだけ影響するかという個人レベル効果を調べることになります．成績の例で目的変数を自尊心とした場合には，学校内で周囲の友達よりも成績が良い程度が自尊心にどれだけ影響するかを調べることになります．

一方，中心化をせずに，

$$\text{hap1}_{ij} = \beta_{0j} + \beta_{1j}\text{work1}_{ij} + r_{ij} \tag{6.2}$$

というモデルで分析を行うことは，就業時間の絶対的な長さが幸福度にどれだけ影響するかを調べることになります．この場合の β_{1j} は，2.7 節で述べた理由により個人レベル効果と集団レベル効果の両方を含んだ値になってしまいます．

6.2.3 切片とその分散の持つ意味—集団平均中心化の場合—

次に，マルチレベルモデルのパラメータである切片と分散の持つ意味を調べてみましょう．そのために，(6.1) 式について，同じチーム j 内においてまず両辺の平均を計算し，続いて期待値を計算してみます．両辺の平均を計算すると，

$$\overline{\text{hap2}}_{.j} = \beta_{0j} + \beta_{1j}(\overline{\text{work2}}_{.j} - \overline{\text{work2}}_{.j}) + \overline{r}_{.j} = \beta_{0j} + \overline{r}_{.j} \tag{6.3}$$

になります．さらに，最左辺と最右辺の期待値をとり，両辺を入れ替えると，$E[\overline{r}_{.j}] = 0$ なので，

$$\beta_{0j} = \mu(\text{hap2})_{.j} \tag{6.4}$$

になります [*6)]．ここで $\mu(\text{hap2})_{.j}$ は hap1 のチーム j における母平均です．したがって，CWC の場合のランダム切片 β_{0j} は，幸福度に関する企業 j の母平均であることが分かります．また，(6.1) 式から，推定値 $\hat{\beta}_{0j}$ は $\text{work1}_{ij} = \overline{\text{work2}}_{.j}$ で

[*6)] このことは，4.3.5 項でも説明しました．β_{0j} はパラメータなので $E[\beta_{0j}]$ は β_{0j} のままです．

ある従業員 (つまり, 企業 j の平均的な就業時間と同じだけ働く従業員) に関する幸福度の予測値であるともいえます.

さらに, レベル 2 において $\beta_{0j} = \gamma_{00} + u_{0j}$ とするとき, 固定効果 γ_{00} は幸福度に関する j 個の平均 ($\beta_{0j} = \mu(\text{hap2})_{.j}$) の平均として解釈されます. ランダム切片の分散は $V(\beta_{0j}) = V(\gamma_{00} + u_{0j}) = V(u_{0j}) = \tau_{00}$ になります. これは, 幸福度に関する j 個の平均の分散として解釈されます.

6.2.4 傾きとその分散の持つ意味—集団平均中心化の場合—

先に述べたように, CWC 後の変数は集団 j 内での個人差を表します. したがって, 傾き β_{1j} は集団内での説明変数の 1 単位の違い対応する目的変数の値の違い (の期待値) を表します. これは, 集団内の傾き (個人レベル効果) そのものです. また, $\beta_{1j} = \gamma_{10} + u_{1j}$ とするとき, γ_{10} は全部で j 個の集団内の傾きの平均 (つまり平均的な傾き) として解釈されます. 平均的な個人レベル効果ともいえます. そしてその分散 $V(\beta_{1j} = V(\gamma_{10} + u_{1j}) = V(u_{1j}) = \tau_{11})$ は, 全部で j 個の集団内のランダム傾きの分散として解釈されます.

6.3 全体平均中心化の性質

続いて, 本節では CGM の性質について説明していきます. また, 本節以降では x_{ij} に CGM を行った $x_{ij} - \bar{x}_{..}$ を x.cgm と表記します. (6.1) 式と同じモデルを CGM の場合で表すと, work1.cwc を work1.cgm に置き換えることで以下になります.

$$\text{hap1}_{ij} = \beta_{0j} + \beta_{1j}\text{work1.cgm} + r_{ij} \tag{6.5}$$

6.3.1 集団レベルの変数との相関

まず, work1.cgm と集団レベルの変数との相関を計算してみます. CWC のときと同じように, work1.cgm と集団レベルの 3 つの変数 (幸福度の集団平均 hap2.m, 就業時間 (work1) の集団平均 work2.m, 企業サイズ size2) との相関を計算します. そのための R のスクリプトは以下になります.

> #幸福度の集団平均と就業時間の全体平均中心化後の値との相関

6.3　全体平均中心化の性質　117

```
> cor(hap2.m,work1.cgm)
[1] 0.3518122
>
> #就業時間の集団平均と就業時間の全体平均中心化後の値との相関
> cor(work2.m,work1.cgm)
[1] 0.5296988
>
> #企業サイズと就業時間の全体平均中心化後の値との相関
> cor(data2$size2,work1.cgm)
[1] -0.04703456
```

　CWC のときとは異なり，相関は 0 にはなりません．その理由を説明します．すでに 3.3.3 項で述べたように，説明変数 x_{ij} の CGM 後の変数 $x.\mathrm{cgm}$ は，

$$x.\mathrm{cgm} = x_{ij} - \overline{x}_{..} = (x_{ij} - \overline{x}_{.j}) + (\overline{x}_{.j} - \overline{x}_{..}) \tag{6.6}$$

と表すことができます．したがって，$x.\mathrm{cgm}$ の個人差には，集団内の要素 $(x_{ij} - \overline{x}_{.j})$ と集団間の要素 $(\overline{x}_{.j} - \overline{x}_{..})$ が含まれます．前者は，集団内における個人差であり個人レベルの情報を，後者は集団間の差であり集団レベルの情報を表しています．以上から，CGM 後の変数は個人レベルの変数ですが，集団レベルの変数と相関を持つのです．

6.3.2　切片とその分散の持つ意味—全体平均中心化の場合—

　切片とその分散が持つ意味を調べるために，(6.5) 式について，同じ学校 j 内において両辺の平均を計算し，期待値を求めてみましょう．まず平均を計算すると，

$$\overline{\mathrm{hap2}}_{.j} = \beta_{0j} + \beta_{1j}(\overline{\mathrm{work2}}_{.j} - \overline{\mathrm{work}}_{..}) + \overline{r}_{.j} \tag{6.7}$$

になります．さらに両辺の期待値を計算すると，

$$\mu(\mathrm{hap2})_{.j} = \beta_{0j} + \beta_{1j}(\overline{\mathrm{work2}}_{.j} - \overline{\mathrm{work}}_{..}) \tag{6.8}$$

となります．したがって，

$$\beta_{0j} = \mu(\mathrm{hap2})_{.j} - \beta_{1j}(\overline{\mathrm{work2}}_{.j} - \overline{\mathrm{work}}_{..}) \tag{6.9}$$

となり，CGM の場合のランダム切片 β_{0j} は，幸福度に関する調整平均であるこ

とが分かります. 調整平均の「調整」とは, $\overline{\mathrm{work2}}_{.j} - \overline{\mathrm{work}}_{..}$ の影響 (つまり, 企業ごとの平均就業時間の違いの影響) を $\mathrm{hap1}_{ij}$ の母平均 $\mu(\mathrm{hap2})_{.j}$ から取り除くことを意味します. 企業 j の傾き β_{1j} が大きく, $\overline{\mathrm{work2}}_{.j}$ が全体平均 $\mathrm{work}_{..}$ から離れているほど, 調整の程度も大きくなります [*7].

さらに, レベル 2 において $\beta_{0j} = \gamma_{00} + u_{0j}$ とするとき, 固定効果 γ_{00} は幸福度に関する j 個の調整平均の平均として解釈されます. さらに, ランダム切片の分散 $V(\beta_{0j}) = V(\gamma_{00} + u_{0j}) = V(u_{0j}) = \tau_{00}$ は幸福度に関する j 個の調整平均の分散として解釈されます.

6.3.3 傾きとその分散の持つ意味——全体平均中心化の場合——

図 6.1 右下の図に示したように, CGM を行っても, 散布図は横軸について平行移動しただけであり, プロットの相対的な位置関係は変わらないため, 変数間の関係性には影響がありません. したがって, CGM の場合の傾きは中心化前の場合の傾きと同じ考え方です [*8]. 具体的には, 傾きの固定効果 γ_{10} は (3.18) 式あるいは (3.21) 式で示した β_t のように, 集団間の傾きと集団内の傾きが混在した値になります [*9].

以上から, CGM の場合の傾きの固定効果には集団間の傾きと集団内の傾きが混在していることになります. また, ランダム傾き $\beta_{1j}(= \gamma_{10} + u_{1j})$ は両レベルの情報を含む work1.cgm の係数なので, やはり集団間の傾きと集団内の傾きが混在していることが分かります. さらに, $V(\beta_{1j}) = V(\gamma_{10} + u_{1j}) = V(u_{1j}) = \tau_{11}$ は, この両者の傾きが混在した値の分散になります. このパラメータは解釈が困難です.

6.4 レベル 2 の説明変数の中心化

次節でレベル 1 の説明変数に関する CWC と CGM の使い分けについて説明します. その際, レベル 2 の説明変数が何度か登場します. そこで本節ではレベル

[*7] 4.3.2 項にも, 同じような説明があります. CGM は共分散分析のように, 各集団の平均を調整する機能があります.

[*8] 本章の付録 1 で証明される (6.38) 式をみてください.

[*9] この b_t はマルチレベルモデルでは, $\beta_{1j} = \gamma_{10} + u_{1j}$ としたときの γ_{10} のような意味を持ちます. β_{1j} を (6.5) 式のレベル 1 の方程式に投入すれば, $\mathrm{work1.cgm} = \mathrm{work1}_{ij} - \overline{\mathrm{work}}_{..}$ としたときの $\mathrm{work1}_{ij}$ の係数が γ_{10} になるからです.

2 の説明変数の中心化について解説をしておきます.

レベル 2 の説明変数については,全体平均で中心化する (CGM を行う) か,中心化しないかのどちらかです. (6.10) 式および (6.11) 式をみて分かるように,レベル 2 の説明変数 (この場合は $z2_j$) に CGM を行うことは,固定効果 γ_{00} と γ_{10} の推定値および解釈を変えます.

CGM を行わない場合には,γ_{00} と γ_{10} は $z2_j = 0$ の場合の目的変数 (β_{0j} と β_{1j}) の期待値となります. 一方,CGM を行った場合は,γ_{00} と γ_{10} は $z2_j$ が全体平均と等しい場合の目的変数 (β_{0j} と β_{1j}) の期待値となります.

$$\beta_{0j} = \gamma_{00} + \gamma_{01}z2_j + u_{0j} \tag{6.10}$$

$$\beta_{1j} = \gamma_{10} + \gamma_{11}z2_j + u_{1j} \tag{6.11}$$

どちらを選択しても推定値に本質的な違いは生じません. ただし,(6.11) 式のようにレベル 2 の説明変数が β_{1j} を説明する場合には,多重共線性を避けるために,CGM を行うことが推奨されます. レベル 2 の説明変数が β_{1j} を説明する場合,クロスレベル交互作用効果 (レベル 1 の説明変数とレベル 2 の説明変数の積の効果) を検討することになります. この積とレベル 1 の説明変数はともに説明変数ですが,相関が高くなる傾向があるため,多重共線性が生じる可能性があります. また,レベル 2 の説明変数に交互作用などの高次の項が含まれる場合にも,多重共線性を避けるために CGM を行うことが推奨されます. そのため,次節以降ではレベル 2 の説明変数には CGM を行うことにします.

6.5 集団平均中心化と全体平均中心化の使い分け

それでは,これまで説明してきた CWC と CGM の特徴を踏まえて,Enders and Tofighi (2007) に基づき,両者の使い分けについて論じていきます. 5.4 節では AIC や BIC といった適合度指標を利用したモデル比較を紹介しましたが,本章の冒頭で述べたように,CWC と CGM の使い分けは適合度指標ではなく,研究上の関心によって判断します. CWC と CGM では推定値の解釈が根本的に異なるので,適合度指標は判断に役立たないからです. したがって,研究課題に適した中心化を選ぶ必要があります. また,本章の付録 1 で証明するように,中心化しない場合 (RAW と表記することにします) の傾きの固定効果の推定値は,全体平均を除いて CGM の場合と等しくなります. このことは,図 6.1 の左と右下

120　　　　　　　　　　　　　　6. 説明変数の中心化

が平行移動の関係にあることからも推測されます．研究上の関心は傾きで表されることが多いため，RAW の場合については深く説明せず，CGM と同じ結果になることを確認するにとどめます．

6.5.1　レベル1の説明変数の目的変数に対する影響 (個人レベル効果) に関心があるとき

レベル1の説明変数の目的変数に対する影響，すなわち個人レベル効果に関心がある場合には CWC を行うべきです．6.2.4 項で述べたように，CWC を行った後の傾きは集団内における他の個人との差異の影響を表しています．「集団内における他の個人との差異」というのは，同じ企業内の従業員に比べて自分が長時間働いていることや，同じ学校内の友達に比べて自分の成績が高いことなどを指します．

したがって，社内の他の人に比べて長時間働いていることが幸福度に影響するだろうか，学校内の友達よりも成績が良いことは自尊心に影響するだろうか，という個人レベル効果を調べることが研究課題の場合には CWC が適しています．一方，6.3.3 項で述べたように，CGM を行うと傾きの解釈は困難になります．また，RAW の場合も個人レベル効果を調べることにはならないため CWC を用いることになります．

6.5.2　レベル2の説明変数の目的変数に対する影響に関心があるとき

他方で，レベル2の説明変数の目的変数に対する影響に関心がある場合には CGM を行うべきです．ただし，CGM を行うのはレベル1の説明変数に対してであることに注意してください．この場合のレベル2の説明変数は，レベル1の説明変数の集団 j における平均 $\overline{x}_{\cdot j}$ と，レベル1において分散のない変数 (企業サイズなど) の両方を考えています．

いずれの場合でも，CGM が適しています．次のようにモデルを記述します．$z2_j$ がレベル2の説明変数であり，関心があるパラメータは $z2_j$ の影響を表す γ_{01} です．

$$\mathrm{hap1}_{ij} = \beta_{0j} + \beta_{1j}\mathrm{work1}^*_{ij} + r_{ij} \tag{6.12}$$

$$\beta_{0j} = \gamma_{00} + \gamma_{01}z2_j + u_{0j} \tag{6.13}$$

$$\beta_{1j} = \gamma_{10} + u_{1j} \tag{6.14}$$

6.5 集団平均中心化と全体平均中心化の使い分け　　　　*121*

ここで，$\mathrm{work1}_{ij}^*$ は CWC のとき work1.cwc，CGM のとき work1.cgm を表します．2 番目の式の β_{0j} と 3 番目の式の β_{1j} を 1 番目の式に代入して整理すると，

$$\mathrm{hap1}_{ij} = \gamma_{00} + \gamma_{01}z2_j + \gamma_{10}\mathrm{work1}_{ij}^* + r_{ij}^* \tag{6.15}$$

になります．誤差項はまとめて r_{ij}^* としました．これはレベル 2 の説明変数 $z2_j$（CGM がなされています）とレベル 1 の説明変数 $\mathrm{work1}_{ij}^*$ を説明変数とした重回帰分析と考えることができます．したがって，モデルにレベル 1 の説明変数 $\mathrm{work1}_{ij}^*$ があるとき，レベル 2 の説明変数の影響は，レベル 1 の説明変数の影響を排除したときのいわば偏回帰係数になります．

　このとき，6.2.1 項でみたように CWC を行ったレベル 1 の説明変数はレベル 2 の説明変数と無相関なので，CWC の場合にはレベル 2 の説明変数の影響はレベル 1 の説明変数の影響を除外した値にはなりません．一方，6.3.1 項でみたように CGM を行ったレベル 1 の説明変数はレベル 2 の説明変数と相関を持つので，CGM の場合にはレベル 2 の説明変数の影響はレベル 1 の説明変数の影響を除外した値になります．

　例をあげてみましょう．レベル 2 の説明変数の影響に関心があるというのは，たとえば，企業サイズ (企業内の従業員数) が幸福度に与える影響を調べるときということです．このとき，従業員数が多いと就業時間が少ないのであれば，従業員数が幸福度に与える影響を調べるときに就業時間の影響を除外することを考えてもよいでしょう．これは CGM で達成できるということです．

　この例に従って，レベル 2 の説明変数を含めたモデルで分析を行ってみましょう．(6.13) 式の $z2_j$ を集団レベルの変数である size2 (企業サイズ) にしたときのモデルは以下のようになります．

$$\mathrm{hap1}_{ij} = \beta_{0j} + \beta_{1j}\mathrm{work1}_{ij}^* + r_{ij} \tag{6.16}$$

$$\beta_{0j} = \gamma_{00} + \gamma_{01}\mathrm{size2} + u_{0j} \tag{6.17}$$

$$\beta_{1j} = \gamma_{10} + u_{1j} \tag{6.18}$$

　分析のための R のスクリプトは以下になります．レベル 2 の説明変数 size2 には前節で述べた理由により CGM を行います．

```
> #レベル 2 の説明変数の全体平均中心化
```

122   6. 説明変数の中心化

```
> size2.cgm<-data2$size2-mean(data2$size2)

> #ランダム切片+企業サイズ・傾きモデル
> #使用するパッケージの読み込み
> library(lmerTest)

> #CWC
> RIS_cwc1<-lmer(hap1~work1.cwc+size2.cgm
> +(1+work1.cwc|company),data=data2,REML=FALSE)
> summary(RIS_cwc1)

> #CGM
> RIS_cgm1<-lmer(hap1~work1.cgm+size2.cgm
> +(1+work1.cgm|company),data=data2,REML=FALSE)
> summary(RIS_cgm1)

> #RAW
> RIS_raw1<-lmer(hap1~work1+size2.cgm
> +(1+work1|company),data=data2,REML=FALSE)
> summary(RIS_raw1)
```

　固定効果の推定値を表 6.3 に示しました. γ_{01} の推定値は CWC では -0.010,
CGM と RAW では -0.004 であり, 中心化方法によって推定値が異なっている
ことが分かります. これは, レベル 1 とレベル 2 の説明変数どうしが相関を持っ
ているか否かの違いです. CGM の場合の -0.004 が就業時間の影響を除外した
ときの企業内の従業員数が幸福度に与える影響です. t 検定の p 値は 0.551 であ
り, 有意ではありませんでした. したがって, 就業時間の影響を除外したときの
企業内の従業員数が幸福度に影響を与えるとはいえないと解釈されます.

表 **6.3** 　レベル 1 の説明変数の中心化が CWC と CGM の場合のランダム切片 + 企業
サイズ・傾きモデルの推定値

	$\hat{\gamma}_{00}$	$\hat{\gamma}_{10}$	$\hat{\gamma}_{01}$
CWC	49.792	0.354	-0.010
CGM	49.784	0.353	-0.004
RAW	5.273	0.353	-0.004

6.5.3 レベル1の説明変数の影響とレベル2の集団平均の影響を比較したいとき

本項では (6.13) 式の $z2_j$ を集団平均 $\overline{\text{work2}}_{.j}$ にして，work1^*_{ij} と $\overline{\text{work2}}_{.j}$ の影響を比較したいときに，work1^*_{ij} として work1.cwc と work1.cgm のどちらが適しているかという問題を扱います．結論としては，CWC と CGM のどちらを使っても構いません．RAW でも構いません．

CWC の場合には 6.2.1 項で示したようにレベル1の説明変数と，レベル2の集団平均は無相関になります．したがって，γ_{10} と γ_{01} はそれぞれ，レベル1の説明変数とレベル2の集団平均の目的変数に対する独立な影響と考えることができます [10]．そのため，大きさの比較は CWC の場合の $\gamma_{01} - \gamma_{10}$ に対する有意性検定を行うことで達成されます．

それでは，なぜ CGM と RAW でも構わないのでしょうか．それは Kreft et al. (1995) で示されているように，CGM と RAW の場合の γ_{01} は CWC の場合の $\gamma_{01} - \gamma_{10}$ になるからです [11]．この等式の証明は本章の付録1で行います [12]．

CGM の場合の γ_{01} は，6.5.2 項で述べたように，レベル1の説明変数 work1.cgm の影響を統制したときのレベル2の説明変数 (ここでは集団平均) の影響です．言い換えれば，レベル1の説明変数の影響を排除したときに，どれだけレベル2で説明される部分が残っているかを表しています．γ_{01} に対して有意性検定を行った結果，正で有意であればレベル2の影響の方が大きい，有意でなければレベル1とレベル2の影響は異なるとはいえない，と解釈することができます．

実際に分析をしてみましょう．幸福度に対しては，個人レベルの就業時間と企業レベルの平均的な就業時間のどちらの影響が強いでしょうか．これを調べるためのモデルは以下のようになります．

$$\text{hap1}_{ij} = \beta_{0j} + \beta_{1j}\text{work1}^*_{ij} + r_{ij} \tag{6.19}$$

$$\beta_{0j} = \gamma_{00} + \gamma_{01}\overline{\text{work2}}_{.j} + u_{0j} \tag{6.20}$$

$$\beta_{1j} = \gamma_{10} + u_{1j} \tag{6.21}$$

分析のための R のスクリプトは以下になります．`work2.m` が集団平均を表しま

---

[10] (6.15) 式で $\text{work1}^*_{ij} = \text{work1.cwc}$ としたとき，$z2_j$ と work1^*_{ij} が無相関なので，γ_{10} と γ_{01} は独立な影響になります．

[11] これを「文脈効果」といいます．CGM と RAW の場合には文脈効果が γ_{01} として推定できます．

[12] 付録1ではレベル2の説明変数に CGM を行った場合で証明しますが，CGM をしない場合でも成り立ちます．

す. また, ここでもレベル 2 の説明変数 work2.m には CGM を行っています.

```
> #レベル 2 の説明変数の全体平均中心化
> work2.cgm<-work2.m-mean(work2.m)

> #ランダム切片+集団平均・傾きモデル

> #CWC
> RIS_cwc2<-lmer(hap1~work1.cwc+work2.cgm
> +(1+work1.cwc|company),data=data2,REML=FALSE)
> summary(RIS_cwc2)

> #CGM
> RIS_cgm2<-lmer(hap1~work1.cgm+work2.cgm
> +(1+work1.cgm|company),data=data2,REML=FALSE)
> summary(RIS_cgm2)

> #RAW
> RIS_raw2<-lmer(hap1~work1+work2.cgm
> +(1+work1|company),data=data2,REML=FALSE)
> summary(RIS_raw2)
```

表 6.4 に示したように, CGM と RAW の場合の γ_{01} は -0.072, CWC の場合の γ_{01} は 0.282, γ_{10} は 0.354 であり, $-0.072 = 0.282 - 0.354$ が成り立っています. そして, R の結果から CGM と RAW の場合の γ_{01} は -0.072 で標準誤差が 0.047 であり, t 検定の p 値は 0.127 になっています. したがって, 企業内で他の従業員よりも就業時間が長いことの方が推定値は大きく幸福度をより高めるよう

表 **6.4** レベル 1 の説明変数の中心化が CWC と CGM の場合のランダム切片 + 集団平均・傾きモデルの推定値

	$\hat{\gamma}_{00}$	$\hat{\gamma}_{10}$	$\hat{\gamma}_{01}$
CWC	49.789	0.354	0.282
CGM	49.790	0.354	-0.072
RAW	5.093	0.354	-0.072

6.6 説明変数が2値の場合　　　　　　　　125

に思えますが，集団レベルの影響と有意な差はないといえます[*13]．

6.5.4　クロスレベル交互作用効果に関心があるとき

　では，クロスレベル交互作用効果に関心がある場合はどうでしょう．この場合は CWC を使うべきです．β_{0j} と β_{1j} に対する説明変数としてレベル2の変数企業サイズ size2_j (CGM が施されています) を含めたモデルは以下のように記述されます．

$$\text{hap1}_{ij} = \beta_{0j} + \beta_{1j}\text{work1}^*_{ij} + r_{ij} \tag{6.22}$$

$$\beta_{0j} = \gamma_{00} + \gamma_{01}\text{size2}_j + u_{0j} \tag{6.23}$$

$$\beta_{1j} = \gamma_{10} + \gamma_{11}\text{size2}_j + u_{1j} \tag{6.24}$$

ここで，work1^*_{ij} は CWC のとき work1.cwc，CGM のとき work1.cgm を表します．クロスレベル交互作用効果の大きさは，集団間の違いを表すレベル2の説明変数によって，集団内の個人差を表すレベル1の説明変数の傾きが異なる程度を意味します．ここで問題とするのは，CWC と CGM のどちらの場合に γ_{11} の推定値が期待される意味を持つのかということです．ここで，(6.24) 式の β_{1j} を (6.22) 式に代入すると，γ_{11} は説明変数 $\text{size2}_j\text{work1}^*_{ij}$ の係数になります．

　size2_j は集団間の違いを表すレベル2の変数です．したがって，$\text{size2}_j\text{work1}^*_{ij}$ がクロスレベルであるためには，work1^*_{ij} は集団内の違いのみを表すレベル1の変数である必要があります．work1.cwc は何度も述べているように，集団内の個人差を表す変数です．したがって，$\text{size2}_j\text{work1}^*_{ij} = \text{size2}_j\text{work1.cwc}$ はクロスレベルを表す項になります．一方，work1.cgm はレベル1とレベル2の両者の変動を有していることを思い出していください．したがって，$\text{size2}_j\text{work1}^*_{ij} = \text{size2}_j\text{work1.cgm}$ はクロスレベルを表す項とはいえません．また，レベル1の変数が RAW の場合も集団内の個人差を表す変数ではありませんから，これも不適切といえます．

6.6　説明変数が2値の場合

　説明変数が2値のときでも，説明変数が連続変数のときと同じ考え方のもとで説

[*13]　表 6.4 をみると，γ_{10} の推定値が 0.354 で一致しています．これについては付録1で証明を行います．

明変数の中心化を行います．説明変数として性別 sex1_{ij}（男性のとき $\text{sex1}_{ij} = 1$，女性のとき $\text{sex1}_{ij} = 0^{*14)}$）を考えてみましょう．

6.6.1　説明変数が 2 値の場合の集団平均中心化

6.2.3 項および 6.2.4 項と同じように，CWC の場合の切片と傾きの持つ意味を考えてみます．CWC では sex1_{ij} から集団 j の平均 $\overline{\text{sex2}}_{\cdot j}$ を引きます（$\text{sex1}_{ij} - \overline{\text{sex2}}_{\cdot j}$）．$\overline{\text{sex2}}_{\cdot j}$ は集団 j における男性の割合を表しています．このとき，切片は (6.3) 式の説明変数を sex に変更することで，

$$\overline{\text{hap2}}_{\cdot j} = \beta_{0j} + \beta_{1j}(\overline{\text{sex2}}_{\cdot j} - \overline{\text{sex2}}_{\cdot j}) + \overline{r}_{\cdot j} \tag{6.25}$$

になります．さらに，最左辺と最右辺の期待値をとり，両辺を入れ替えると，$E[\overline{r}_{\cdot j}] = 0$ なので，

$$\beta_{0j} = \mu(\text{hap2})_{\cdot j} \tag{6.26}$$

になります．したがって，説明変数が 2 値の場合の CWC のランダム切片 β_{0j} は，説明変数が連続的な場合と同じように，幸福度に関する企業 j の母平均であることが分かります．

さらに，レベル 2 において $\beta_{0j} = \gamma_{00} + u_{0j}$ とするとき，固定効果 γ_{00} は幸福度に関する j 個の平均（$\beta_{0j} = \mu(\text{hap2})_{\cdot j}$）の平均として，ランダム切片の分散 $V(\beta_{0j}) = V(u_{0j}) = \tau_{00}$ は幸福度に関する j 個の平均の分散として解釈されます．

また繰り返しになりますが，CWC 後の変数は集団 j 内での個人差を表します．したがって，傾き β_{1j} は集団内での説明変数の 1 単位の違いに対応する目的変数の値の違いを表します．この場合，説明変数は $\text{sex1}_{ij} - \overline{\text{sex2}}_{\cdot j}$ なので，1 単位の違いの影響は企業 j 内での目的変数 hap1_{ij} に関する男女差を表します．

したがって，傾き $\beta_{1j} = \overline{\text{hap2}}_{\text{男}\,j} - \overline{\text{hap2}}_{\text{女}\,j}$ になります．ここで，$\overline{\text{hap2}}_{\text{男}\,j}$ と $\overline{\text{hap2}}_{\text{女}\,j}$ はそれぞれ，集団 j における目的変数 hap1_{ij} の性別ごとの平均です．加えて，その分散 $V(\beta_{1j})$ は，集団内の j 個の傾きの分散として解釈されます．

---

*14)　このような 2 値変数の指定方法を「ダミーコーディング」といいます．別の指定方法としてエフェクトコーディング（男性のとき $\text{sex1}_{ij} = 1$，女性のとき $\text{sex1}_{ij} = -1$）があります．エフェクトコーディングの場合でも，本節で述べる切片に関する解釈は同じです．一方，傾きについては説明変数の男女差が 1 と -1 で数値上は 2 になるので，ダミーコーディングの 0.5 倍になります．

6.6.2 説明変数が 2 値の場合の全体平均中心化

続けて，6.3.2 項および 6.3.3 項と同じように，CGM の場合の切片と傾き
の持つ意味を考えてみます．CGM では sex1_{ij} から全体平均 $\overline{\text{sex}}_{..}$ を引きます
$(\text{sex1}_{ij} - \overline{\text{sex}}_{..})$．$\overline{\text{sex}}_{..}$ はここでは全データにおける男性の割合を表しています．
このとき，切片は (6.9) 式の説明変数を sex に変更することで，

$$\beta_{0j} = \mu(\text{hap2})_{.j} - \beta_{1j}(\overline{\text{sex2}}_{.j} - \overline{\text{sex}}_{..}) \tag{6.27}$$

となり，CGM の場合のランダム切片 β_{0j} は，幸福度に関する調整平均であるこ
とが分かります．チーム j の傾き β_{1j} が大きく，$\overline{\text{sex2}}_{.j}$ が全体平均 $\overline{\text{sex}}_{..}$ から離
れているほど (つまり，集団 j の男女比が全体の男女比と違っているほど)，調整
の程度も大きくなります．

さらに，レベル 2 において $\beta_{0j} = \gamma_{00} + u_{0j}$ とするとき，固定効果 γ_{00} は幸福度に
関する j 個の調整平均の平均として，ランダム切片の分散 $V(\beta_{0j}) = V(u_{0j}) = \tau_{00}$
は幸福度に関する j 個の調整平均の分散として解釈されます．

また，これまでと同じように，ランダム傾き $\beta_{1j}(= \gamma_{10} + u_{1j})$ には，集団間の
傾きと集団内の傾きが混在しています．したがって，$V(\beta_{1j}) = V(u_{1j}) = \tau_{11}$ は，
この両者の傾きが混在した値の分散になるため，解釈が困難です．

6.7 本章のまとめ

1. レベル 1 の説明変数から，所属する集団の平均を引くのが集団平均中心化
   (CWC) である．一方，レベル 1 の説明変数から，全平均を引くのが全体平
   均中心化 (CGM) である．
2. CWC 後の説明変数は所属する集団内における個人差を表している．一方，
   CGM 後の説明変数の大小には所属する集団内の個人差と，所属する集団と
   全体平均との差の両者が混在している．
3. CWC の場合，ランダム切片は集団 j の目的変数に関する平均を表す．ま
   た，傾きは集団 j 内での説明変数の 1 単位の違いに対する目的変数の違い
   を表す．
4. CGM の場合，ランダム切片は集団 j の目的変数に関する調整平均を表す．
   また，傾きには集団間の傾きと集団内の傾きが混在しており，解釈は困難で
   ある．

128   6. 説明変数の中心化

5. レベル1の説明変数の目的変数に対する影響に関心があるときにはCWC,
   レベル2の説明変数の目的変数に対する影響に関心があるときにはCGM
   またはRAWを使う．レベル1とレベル2の説明変数の影響の比較に関心
   があるときにはCWC, CGM, RAWのどれを使ってもよく，クロスレベ
   ル交互作用効果を調べたいときにはCWCを使う．

6. 説明変数が2値のときでも，説明変数が連続変数のときと同じように考え
   て説明変数の中心化を行えばよい．

○付録1　RAW, CGM, CWC の場合における推定量の関係

本節ではKreft et al. (1995) を参考にして，これまで扱ってこなかったRAW
(中心化しない場合，つまり生データをそのままレベル1の説明変数として用い
る場合), CGM, CWC の3つの場合における推定量の数学的関係を説明します．
分析モデルには，以下の2種類のマルチレベルモデルを考えます．1つめはラン
ダム切片・傾きモデルです．

$$y_{ij} = \beta_{0j} + \beta_{1j}x_{ij}^* + r_{ij} \tag{6.28}$$

$$\beta_{0j} = \gamma_{00} + u_{0j} \tag{6.29}$$

$$\beta_{1j} = \gamma_{10} + u_{1j} \tag{6.30}$$

2つめはランダム切片に対するレベル2の説明変数として集団平均を用いたモ
デルです．レベル2の説明変数にはCGMを行っておきます[15]．

$$y_{ij} = \beta_{0j} + \beta_{1j}x_{ij}^* + r_{ij} \tag{6.31}$$

$$\beta_{0j} = \gamma_{00} + \gamma_{01}(\overline{x}_{.j} - \overline{x}_{..}) + u_{0j} \tag{6.32}$$

$$\beta_{1j} = \gamma_{10} + u_{1j} \tag{6.33}$$

レベル1の方程式のx_{ij}^*は，RAWの場合x_{ij}, CGMの場合x.cgm, CWCの
場合x.cwcになります．ここで，3種類の中心化の関係を調べるにあたっては，
異なる中心化の場合の固定効果の推定量が相互に一対一変換可能であるか否かに
注目します．

上記の2つのモデルにおいて，ランダム項 $(r_{ij},\ u_{0j},\ u_{1j})$ はすべて正規分布

---

[15]　CGMを行わない場合でも，本節と似た結果になります．Kreft et al. (1995) ではその場合につ
いて証明されています．

付　　録　　129

に従っていると仮定します．すると，正規分布の和は正規分布に従うので，目的変数 y_{ij} も正規分布に従うことになります．正規分布は平均と分散がパラメータです．したがって，推定量が一対一変換可能であるかどうかは，目的変数 y_{ij} の平均と分散を3種類の中心化の間でイコールで結んだ場合，推定量の間にどのような関係があるのか調べればよいことになります [*16)]．

(1) ランダム切片・傾きモデルの場合

誤差項の期待値がすべて0であることを利用して (6.28) 式の期待値を求めると，

$$E[y_{ij}] = E[\beta_{0j} + \beta_{1j}x_{ij}^* + r_{ij}]$$
$$= E[\gamma_{00} + u_{0j} + (\gamma_{10} + u_{1j})x_{ij}^* + r_{ij}]$$
$$= \gamma_{00} + \gamma_{10}x_{ij}^* \tag{6.34}$$

になります．$V(u_{0j}) = \tau_{00}$, $Cov(u_{0j}, u_{1j}) = \tau_{10}$, $V(u_{1j}) = \tau_{11}$, $V(r_{ij}) = \sigma^2$, $Cov(u_{0j}, r_{ij}) = Cov(u_{1j}, r_{ij}) = 0$ を利用すると，(6.28) 式の分散は，

$$V[y_{ij}] = E[(\beta_{0j} + \beta_{1j}x_{ij}^* + r_{ij} - E[y_{ij}])^2]$$
$$= E[(\gamma_{00} + u_{0j} + (\gamma_{10} + u_{1j})x_{ij}^* + r_{ij} - \gamma_{00} - \gamma_{10}x_{ij}^*)^2]$$
$$= E[(u_{0j} + u_{1j}x_{ij}^* + r_{ij})^2]$$
$$= E[(u_{0j}^2 + r_{ij}^2 + 2u_{0j}u_{1j}x_{ij}^* + u_{1j}^2 x_{ij}^{*2})^2]$$
$$= \tau_{00} + 2\tau_{10}x_{ij}^* + \tau_{11}x_{ij}^{*2} + \sigma^2 \tag{6.35}$$

になります．

まず，期待値について説明します．RAW と CGM の関係は (6.34) 式から，

$$\gamma_{00}^{\mathrm{raw}} + \gamma_{10}^{\mathrm{raw}} x_{ij} = \gamma_{00}^{\mathrm{cgm}} + \gamma_{10}^{\mathrm{cgm}} x.\mathrm{cgm} = \gamma_{00}^{\mathrm{cgm}} + \gamma_{10}^{\mathrm{cgm}}(x_{ij} - \overline{x}_{..}) \tag{6.36}$$

になります．ここで，$\gamma_{00}^{\mathrm{raw}}$ は RAW の場合の γ_{00} を表します．他についても同じように考えてください．ここから，

$$\gamma_{00}^{\mathrm{raw}} = \gamma_{00}^{\mathrm{cgm}} - \gamma_{10}^{\mathrm{cgm}}\overline{x}_{..} \tag{6.37}$$

$$\gamma_{10}^{\mathrm{raw}} = \gamma_{10}^{\mathrm{cgm}} \tag{6.38}$$

[*16)]　目的変数 y_{ij} 自体は説明変数の中心化の影響を受けません．したがって，3種類の中心化の間で y_{ij} の平均と分散をイコールで結ぶことが可能になります．

130　　　　　　　　　　6. 説明変数の中心化

となります. $\gamma_{10}^{\text{raw}} = \gamma_{10}^{\text{cgm}}$ であることは 6.3.3 項でも触れました. これは, CGM が全データから同じ値を引く操作であり, 図 6.1 右下に示したように, プロットの相対的な位置関係は変わらないため, 変数間の関係性には影響がないことからも直観的に推測できます. 以上から, 固定効果については RAW と CGM で相互に一対一変換可能であることが示されました.

次に, 分散について同じことを行います. RAW と CGM の関係は,

$$\tau_{00}^{\text{raw}} + 2\tau_{10}^{\text{raw}}x_{ij} + \tau_{11}^{\text{raw}}x_{ij}^2 + (\sigma^{\text{raw}})^2$$
$$= \tau_{00}^{\text{cgm}} + 2\tau_{10}^{\text{cgm}}x.\text{cgm} + \tau_{11}^{\text{cgm}}x.\text{cgm}^2 + (\sigma^{\text{cgm}})^2$$
$$= \tau_{00}^{\text{cgm}} + 2\tau_{10}^{\text{cgm}}(x_{ij} - \overline{x}_{..}) + \tau_{11}^{\text{cgm}}(x_{ij} - \overline{x}_{..})^2 + (\sigma^{\text{cgm}})^2 \tag{6.39}$$

になります. ここから,

$$\tau_{00}^{\text{raw}} = \tau_{00}^{\text{cgm}} - 2\tau_{10}^{\text{cgm}}\overline{x}_{..} + \tau_{11}^{\text{cgm}}\overline{x}_{..}^2 \tag{6.40}$$

$$\tau_{10}^{\text{raw}} = \tau_{10}^{\text{cgm}} - \tau_{11}^{\text{cgm}}\overline{x}_{..} \tag{6.41}$$

$$\tau_{11}^{\text{raw}} = \tau_{11}^{\text{cgm}} \tag{6.42}$$

となります. 以上から, ランダム効果の分散についても RAW と CGM で相互に一対一変換可能であることが示されました.

以上のことを data2 の分析で確認してみましょう. 分析のためのスクリプトは以下になります [*17)].

```
> #ランダム切片・傾きモデル
> RIS_raw<-
> lmer(hap~work+(1+work|team),data=data2,REML=FALSE)
> summary(RIS_raw)
>
> #ランダム切片・傾きモデル
> RIS_cgm<-
> lmer(hap~work1.cgm+(1+work1.cgm|team),data=data2,REML=FALSE)
> summary(RIS_cgm)
```

推定値を表 6.5 に示しました. u_{0j} と u_{1j} の関係性の指標として R で出力され

[*17)]　警告メッセージが出力されますが, 推定値間の関係は成り立っています.

付　　録　　　　　　　　*131*

表 6.5　RAW と CGM の場合のランダム切片・傾きモデルの推定値

中心化	γ_{00}	γ_{10}	τ_{00}	τ_{10}	τ_{11}
RAW	5.2668	0.3529	32.9464	-0.2006	0.0015
CGM	49.7830	0.3529	5.6674	-0.0156	0.0015

るのは相関係数です．表 6.5 の共分散 τ_{10} は相関と分散の出力を使って計算しました．

全体平均 $\overline{x}_{..}$ は 126.1504 です．最適化計算や丸め誤差の関係で完全に一致はしませんが，以下の等式が成り立っていることが確認できます．括弧内は推定値です．

$$\gamma_{00}^{\text{raw}}(5.2668) \simeq \gamma_{00}^{\text{cgm}}(49.7830) - \gamma_{10}^{\text{cgm}}(0.3529)\overline{x}_{..}(126.1504) \tag{6.43}$$

$$\gamma_{10}^{\text{raw}}(0.3529) = \gamma_{10}^{\text{cgm}}(0.3529) \tag{6.44}$$

$$\tau_{00}^{\text{raw}}(32.946403) \simeq \tau_{00}^{\text{cgm}}(5.6674) - 2\tau_{10}^{\text{cgm}}(-0.0156)\overline{x}_{..}(126.1504)$$
$$+ \tau_{11}^{\text{cgm}}(0.0015)\overline{x}_{..}^2(126.1504^2) \tag{6.45}$$

$$\tau_{10}^{\text{raw}}(-0.2006) \simeq \tau_{10}^{\text{cgm}}(-0.0156) - \tau_{11}^{\text{cgm}}(0.0015)\overline{x}_{..}(126.1504) \tag{6.46}$$

$$\tau_{11}^{\text{raw}}(0.0015) = \tau_{11}^{\text{cgm}}(0.0015) \tag{6.47}$$

一方，RAW と CWC の推定量の間には一般的な変換式はありません．したがって，CGM と CWC の間にもそのような関係をみつけることはできません．

(2) 説明変数として集団平均を用いたモデルの場合

(6.31) 式から (6.33) 式で示された，ランダム切片に対する説明変数として集団平均を用いたモデルについても同じように考えてみましょう．誤差項の期待値がすべて 0 であることを利用して (6.31) 式の期待値を求めると，

$$\begin{aligned} E[y_{ij}] &= E[\beta_{0j} + \beta_{1j}x_{ij}^* + r_{ij}] \\ &= E[\gamma_{00} + \gamma_{01}(\overline{x}_{.j} - \overline{x}_{..}) + u_{0j} + (\gamma_{10} + u_{1j})x_{ij}^* + r_{ij}] \\ &= \gamma_{00} + \gamma_{01}(\overline{x}_{.j} - \overline{x}_{..}) + \gamma_{10}x_{ij}^* \end{aligned} \tag{6.48}$$

になります．$V(u_{0j}) = \tau_{00}$, $Cov(u_{0j}, u_{1j}) = \tau_{10}$, $V(u_{1j}) = \tau_{11}$, $V(r_{ij}) = \sigma^2$, $Cov(u_{0j}, r_{ij}) = Cov(u_{1j}, r_{ij}) = 0$ を利用すると，(6.31) 式の分散は，以下になります．

$$
\begin{aligned}
V[y_{ij}] &= V[\beta_{0j} + \beta_{1j}x_{ij}^* + r_{ij}] \\
&= E[(\gamma_{00} + \gamma_{01}(\overline{x}_{.j} - \overline{x}_{..}) + u_{0j} + (\gamma_{10} + u_{1j})x_{ij}^* + r_{ij} - E[y_{ij}])^2] \\
&= E[(u_{0j} + u_{1j}x_{ij}^* + r_{ij})^2] \\
&= \tau_{00} + 2\tau_{10}x_{ij}^* + \tau_{11}x_{ij}^{*2} + \sigma^2
\end{aligned}
\tag{6.49}
$$

まず，期待値について説明します．RAW と CGM と CWC の関係は，

$$
\begin{aligned}
&\gamma_{00}^{\mathrm{raw}} + \gamma_{01}^{\mathrm{raw}}(\overline{x}_{.j} - \overline{x}_{..}) + \gamma_{10}^{\mathrm{raw}}x_{ij} \\
&= \gamma_{00}^{\mathrm{cgm}} + \gamma_{01}^{\mathrm{cgm}}(\overline{x}_{.j} - \overline{x}_{..}) + \gamma_{10}^{\mathrm{cgm}}(x_{ij} - \overline{x}_{..}) \\
&= \gamma_{00}^{\mathrm{cwc}} + \gamma_{01}^{\mathrm{cwc}}(\overline{x}_{.j} - \overline{x}_{..}) + \gamma_{10}^{\mathrm{cwc}}(x_{ij} - \overline{x}_{.j})
\end{aligned}
\tag{6.50}
$$

になります．ここから，

$$
\gamma_{00}^{\mathrm{raw}} - \gamma_{01}^{\mathrm{raw}}\overline{x}_{..} = \gamma_{00}^{\mathrm{cgm}} - \gamma_{01}^{\mathrm{cgm}}\overline{x}_{..} - \gamma_{10}^{\mathrm{cgm}}\overline{x}_{..} = \gamma_{00}^{\mathrm{cwc}} - \gamma_{01}^{\mathrm{cwc}}\overline{x}_{..}
\tag{6.51}
$$

$$
\gamma_{01}^{\mathrm{raw}} = \gamma_{01}^{\mathrm{cgm}} = \gamma_{01}^{\mathrm{cwc}} - \gamma_{10}^{\mathrm{cwc}}
\tag{6.52}
$$

$$
\gamma_{10}^{\mathrm{raw}} = \gamma_{10}^{\mathrm{cgm}} = \gamma_{10}^{\mathrm{cwc}}
\tag{6.53}
$$

となります．集団平均を含まないモデルとは違い，3 種類の場合で固定効果の推定量には単純な変換関係があります．6.5.3 項では (6.52) 式を利用しました．

次に，分散については，集団平均を入れた場合の分散を表す (6.49) 式と，集団平均を入れない場合の分散を表す (6.35) 式が等しいことから，RAW と CGM の間には (6.40) 式から (6.42) 式と同じ関係があります．しかし，CWC との間には一般的な変換関係はありません．

以上のことを data2 の分析で確認してみましょう．分析のためのスクリプトは以下になります[*18]．

```
> #ランダム切片+集団平均・傾きモデル
> RIS_raw<-lmer(hap1~work1+work2.CGM+(1+work1|company),
> data=data2,REML=FALSE)
> summary(RIS_raw)
```

[*18] 警告メッセージが出力されますが，推定値間の関係は成り立っています．

付　　録　　133

```
> #ランダム切片+集団平均・傾きモデル
> RIS_cgm<-lmer(hap1~work1.CGM+work2.CGM+(1+work1.CGM|company),
> data=data2,REML=FALSE)
> summary(RIS_cgm)

> #ランダム切片+集団平均・傾きモデル
> RIS_cwc<-lmer(hap1~work1.CWC+work2.CGM+(1+work1.CWC|company),
> data=data2,REML=FALSE)
> summary(RIS_cwc)
```

推定値を表 6.6 に示しました．ここでも，表 6.6 の共分散 τ_{10} は相関と分散の出力を使って計算しました．

表 6.6　RAW，CGM，CWC の場合のランダム切片・傾きモデルの推定値

中心化	γ_{00}	γ_{01}	γ_{10}	τ_{00}	τ_{10}	τ_{11}
RAW	5.0932	-0.0720	0.3543	33.2260	-0.2066	0.0015
CGM	49.7896	-0.0720	0.3543	5.3949	-0.0145	0.0015
CWC	49.7916	0.2893	0.3541	5.4264	-0.0168	0.0016

全体平均 $\overline{x}_{..}$ は 126.1504 です．最適化計算や丸め誤差の関係で完全に一致はしませんが，以下の等式が成り立っていることが確認できます．

$$\gamma_{00}^{\mathrm{raw}}(5.0932) - \gamma_{01}^{\mathrm{raw}}(-0.0720)\overline{x}_{..}(126.1504)$$
$$= \gamma_{00}^{\mathrm{cgm}}(49.7896) - \gamma_{01}^{\mathrm{cgm}}(-0.0720)\overline{x}_{..}(126.1504) - \gamma_{10}^{\mathrm{cgm}}(0.3543)\overline{x}_{..}(126.1504)$$
$$= \gamma_{00}^{\mathrm{cwc}}(49.7916) - \gamma_{01}^{\mathrm{cwc}}(0.2893)\overline{x}_{..}(126.1504) \tag{6.54}$$
$$\gamma_{01}^{\mathrm{raw}}(-0.0720) = \gamma_{01}^{\mathrm{cgm}}(-0.0720)$$
$$= \gamma_{01}^{\mathrm{cwc}}(0.2893) - \gamma_{10}^{\mathrm{cwc}}(0.3541) \tag{6.55}$$
$$\gamma_{10}^{\mathrm{raw}}(0.3543) = \gamma_{10}^{\mathrm{cgm}}(0.3543) = \gamma_{10}^{\mathrm{cwc}}(0.3541) \tag{6.56}$$
$$\tau_{00}^{\mathrm{raw}}(33.2260) = \tau_{00}^{\mathrm{cgm}}(5.3949) - 2\tau_{10}^{\mathrm{cgm}}(-0.0145)\overline{x}_{..}(126.1504)$$
$$+ \tau_{11}^{\mathrm{cgm}}(0.0015)\overline{x}_{..}^2(126.1504^2) \tag{6.57}$$
$$\tau_{10}^{\mathrm{raw}}(-0.2066) = \tau_{10}^{\mathrm{cgm}}(-0.0145) - \tau_{11}^{\mathrm{cgm}}(0.0015)\overline{x}_{..}(126.1504) \tag{6.58}$$
$$\tau_{11}^{\mathrm{raw}}(0.0015) = \tau_{11}^{\mathrm{cgm}}(0.0015) \tag{6.59}$$

○付録 2 集団平均中心化後の変数と集団レベルの変数との相関に関する証明

ここでは，x.cwc と集団レベルの変数 y_j との相関が 0 になることを証明します．そのために，まず任意の集団 j のデータについて分析したとき，x.cwc と集団レベルの変数 y_j との相関が 0 になることを証明します．x.cwc と集団レベルの変数 y_j との共分散 $E[(x.\text{cwc} - E[x.\text{cwc}])(y_j - E[y_j])]$ を任意の集団 j において計算してみましょう．期待値は i について計算することになります．x.cwc の添え字は ij です．

ここで変数 y は，変数 x の集団平均，x とは別の変数の集団平均，その性質として集団レベルの変数 (集団内でのバラつきがない変数) のいずれかです．しかし，そのいずれであったとしても，任意の集団 j において，$y_j - E[y_j]$ は集団 j 内の全個人について同じ値を持ちます．これを z_j とします．$E[x.\text{cwc}] = 0$ に注意すると，i について期待値を計算することで，

$$E[(x.\text{cwc} - E[x.\text{cwc}])(y_j - E[y_j])] = E[(x.\text{cwc})(z_j)] \tag{6.60}$$

となります．z_j は集団 j 内の全個人について同じ値を持つので，$E[x.\text{cwc}] = 0$ から，(6.60) 式は 0 になることが分かります．各集団 j において，x.cwc と任意の集団 j における集団レベルの変数 y_j との共分散の期待値は 0 になるので，全集団のデータを使った場合の共分散も 0 になります．したがって，相関も 0 になります．

文　　献

1) Enders, C. K. & Tofighi, D. (2007). Centering predictor variables in cross-sectional multilevel models: a new look at an old issue. *Psychological Methods*, **12**, pp.121–138.
2) Kreft, I. G. G., de Leeuw, J., & Aiken, L. S. (1995). The effect of different forms of centering in hierarchical linear models. *Multivariate Behavioral Research*, **30**, pp.1–21.

II
事例編

7

アーギュメント構造が説得力評価に与える影響

7.1 研究の背景[*1]

「私は～だと思う［主張］．なぜなら～だからだ［賛成論］．たしかに～という意見もある［反論想定］．しかし，～である［再反論］．したがって，～だと思う［主張］．」

これは，しばしば小論文試験の対策などで「説得的な意見文[*2]の構造」として紹介される文章構造です．この構造は「アーギュメント[*3]構造」と呼ばれるため，本章でも以降はこの呼び方を用います．冒頭のアーギュメント構造のポイントは，「反論想定」と「再反論」を含んでいる点にあります．予め主張に対する反論を提示し（弱点を示す），その反論に対して再反論する（弱点を補強する）ことで，主張の説得力が増加するというわけです．それでは，こうしたアーギュメント構造を持つ意見文は，実際に説得力のある意見文として読み手から評価されるのでしょうか．この問いについて明らかにするために，本研究ではマルチレベルモデルを用いて，アーギュメント構造が説得力評価に与える影響を検証します．

これまで，アーギュメント構造と説得力評価の関連は，社会心理学の領域を中心に研究が進められてきました（e.g., Hovland et al., 1949）．しかし，知見が蓄積されてきた一方で，アーギュメント構造と説得力評価の関連については一貫

[*1] 小野田亮介・鈴木雅之 (2017)．アーギュメント構造が説得力評価に与える影響—論題と評価方法に着目して—．教育心理学研究，**65**, pp.433–450.

[*2] ここでは，「論題に対する主張と，主張を正当化するための理由から構成された文章」を「意見文」と呼んでいます．

[*3] アーギュメント (argument) は，「主張を正当化するための一連のことば」（Nickerson, 1991）と定義されます．ただし，これは最小単位の定義であり，中にはことばのやりとりを含めてアーギュメントと定義する場合もあります（e.g., 富田・丸野，2004）．

7.1 研 究 の 背 景 137

した結果が得られていません．たとえば，メタ分析を行った研究 (Allen, 1991；O'Keefe, 1999) では，賛成論だけのアーギュメント構造に比べ，反論想定と再反論を含むアーギュメント構造の方が説得力をより高く評価されると報告されていますが，その効果量は $r = .076$ (Allen, 1991)，$r = .077$ (O'Keefe, 1999) と極めて小さいものです．つまり，冒頭のアーギュメント構造のように反論想定や再反論を含んでいたとしても，その意見文の説得力が高く評価されるとは限らないのです．

研究結果が一貫していない原因の一つとして，O'Keefe (2004) は「論題間の変動性」(message-to-message variability) の問題を指摘しています．「論題が違えばアーギュメント構造の影響も違うのではないか」ということです．たとえば，教師や保護者，児童生徒などの様々な立場の意見を考慮すべき論題 (例：宿題の量) では，想定される反論を予め提示した方が説得的かもしれませんし，自分の信条・信念が重要になりがちな政治的信念に関する論題 (例：死刑制度) では，賛成論のみを述べて自分の主義主張を前面に押し出す方が説得的かもしれません．このように，アーギュメント構造の影響が論題という要因によって異なる場合，論題の影響を考慮しない研究デザインでは，アーギュメント構造の影響を適切に検証することができません．しかし先行研究の多くは，単一，または少数の論題を用いてアーギュメント構造の影響を検討しており (例：政治的信念に関する論題のみを用いて反論想定の効果を調べる)，論題の違いを要因とした検討は行ってきませんでした．そのため，アーギュメント構造が説得力評価に与える影響について，先行研究間で一貫した結果が得られてこなかったのだと考えられます．

もちろん，この問題に対応しようとする研究も行われました．Wolfe et al. (2009) は，「賛成論」，「賛成論 ＋ 反論想定」，「賛成論 ＋ 反論想定 ＋ 再反論」というアーギュメント構造の異なる 3 つの意見文を 35 の論題で提示して，一貫した結果を得ることができなかったアーギュメント構造の影響について検討しています．しかし，Wolfe et al. (2009) では，35 の論題に対する評価得点をプールして 1 つの得点にした上で分析を行っており，論題の違いを要因として扱っていません．そこで本研究では，論題の違いを要因としたマルチレベルモデルを適用し，アーギュメント構造が説得力評価に与える影響について検討することにしました．

また Wolfe et al. (2009) は，実験参加者内デザインのみでアーギュメント構造の影響を検証しています．しかし，日常的な場面において，異なるアーギュメント構造を持つ複数の意見文を読み比べる機会は少なく，むしろ特定の論題につい

て述べられた単一の意見文 (例：広告，新聞の社説) を目にする場合が多いと考えられます．したがって，幅広い説得場面に応用可能な知見を得る上では，アーギュメント構造を実験参加者間要因とし，他の意見文との読み比べができない場合の反論想定と再反論の影響についても検討する必要があります．こうした背景から本研究では，アーギュメント構造を実験参加者内要因とする実験の結果と，実験参加者間要因とする実験の結果を比較することも目的としました．本章ではこれらのうち，アーギュメント構造を実験参加者間要因とする実験を行った研究を事例として紹介します．

7.2 　扱うデータについて

7.2.1 　実 験 参 加 者

実験参加者は，国立大学 1 校，私立大学 2 校に所属する大学生 123 名 (男性 68 名，女性 55 名) でした．参加者は，「反論なし群 $(n = 37)$」，「反論群 $(n = 46)$」，「再反論群 $(n = 40)$」の 3 群にランダムに割り当てられました．

7.2.2 　ターゲット文章

Wolfe et al. (2009) で用いられた 35 の論題から，予備調査を通して 18 論題を抽出して実験に用いました．1 つの論題につき賛成論のみの「反論なし文」，賛成論とそれに対して想定される反論を含んだ「反論文」，賛成論と想定される反論，そしてその反論に対する再反論で構成された「再反論文」の 3 構造の意見文が用意されており，各実験参加者はいずれかの構造の論題の文章を 18 個読み，文章評価を行いました．以下は 18 ある論題のうちの一つです．

【反論なし文】「死刑制度は廃止されるべきである［主張］．なぜなら，DNA 鑑定などに代表される新しい科学的手法によって，無実の罪で死刑になった人が多くいることが判明したからだ［賛成論］．だから，死刑制度は廃止されるべきである［主張］．」

【反論文】「死刑制度は廃止されるべきである［主張］．なぜなら，DNA 鑑定などに代表される新しい科学的手法によって，無実の罪で死刑になった人が多くいることが判明したからだ［賛成論］．たしかに，死刑制度は殺人犯予備軍を抑制するために，事実上命を救っているという意見もある［反論想定］．それでも，死刑

制度は廃止されるべきである［主張］.」

【再反論文】「死刑制度は廃止されるべきである［主張］. なぜなら，DNA 鑑定などに代表される新しい科学的手法によって，無実の罪で死刑になった人が多くいることが判明したからだ［賛成論］. たしかに，死刑制度は殺人犯予備軍を抑制するために，事実上命を救っているという意見もある［反論想定］. しかし，殺人事件の多くは制御できない一時の気持ちの高ぶりから生じる，衝動的な犯行である［再反論］. だから，死刑制度は廃止されるべきである［主張］.」

7.2.3 扱 う デ ー タ

データの概略を表 7.1 に示します. 変数「参加者」は全実験参加者の ID，「実験群」は反論なし群 = 1，反論群 = 2，再反論群 = 3 を表すカテゴリカル変数です. ただし，分析を行う際には，「反論ダミー」(反論群 = 1，その他 = 0) と，「再反論ダミー」(再反論群 = 1，その他 = 0) の 2 つのダミー変数を用いました. 変数「論題」は論題の ID です.

実験では，論題に対する参加者の事前の立場を把握するために，まず，18 個の意見文の主張部分だけを提示し，主張に対する賛成度を 4 件法 (「1：反対だ」〜「4：賛成だ」) で回答してもらいました. 回答結果が 1 と 2 の場合は 0，3 と 4 の場合は 1 を割り当て，ダミー変数としました. これが変数「立場」で，値が 0 であれば主張に対して反対，1 ならば賛成を意味します.

また，実験参加者には，意見文に対して「説得力 (この意見は説得的だ)」と「論理性 (この意見は論理的だ)」，「一貫性 (この意見には一貫性がある)」，「反論困難性 (この意見に対して反論するのは困難だ)」，「公平感 (この意見は公平だ)」，「興味 (この意見は興味深い)」，「嫌悪感 (この意見には嫌悪感を持つ)」の 7 項目について，5 件法 (「1：まったくそう思わない」〜「5：とてもそう思う」) で回答を求めました. これら 7 項目の加算平均値が変数「評価得点」になります. ただし，「嫌悪感」については得点を逆転して加算平均値を求めています [*4].

本研究では，各参加者が各論題について評価を行っているため，特定の参加者に着目したときに「評価得点」は論題によって異なる値をとることになります. また同時に，特定の論題に着目した場合，「評価得点」は参加者によっても異なる

[*4] 本研究では，アーギュメント構造が説得力評価に与える影響を多面的に捉えるために，「説得的かどうか」という単一の項目ではなく，認知的側面と情緒的側面から説得力について測定を行いました. 一次元性については，因子分析によって確認されています.

表 7.1 データの構造

参加者	実験群	反論ダミー	再反論ダミー	論題	立場	評価得点
sub	group	dummy1	dummy2	theme	st	eva
1	1	0	0	1	0	2.71
1	1	0	0	2	0	2.00
1	1	0	0	3	1	4.00
⋮	⋮	⋮	⋮	⋮	⋮	⋮
1	1	0	0	18	0	3.86
2	2	1	0	1	0	3.43
2	2	1	0	2	0	2.14
2	2	1	0	3	0	2.29
⋮	⋮	⋮	⋮	⋮	⋮	⋮
123	3	0	1	16	1	4.42
123	3	0	1	17	1	3.71
123	3	0	1	18	0	3.57

値をとることになります．このような研究デザインでは，学校と児童生徒の関係のようなネストされている関係にあるというよりも，参加者と論題は互いにクロスした関係にあることになります (Murayama et al., 2014)．本事例では，このようなクロスした関係にあるデータについて扱います．

7.3　マルチレベルモデルを使用する意義

　本実験は実験参加者間デザインで実施されているため，1 人の実験参加者は反論のない文章，反論想定を含んだ文章，反論想定と再反論を含んだ文章のうち，いずれか 1 つのタイプの文章を 18 個読んでいます．このような実験デザインを採用した研究では，実験参加者ごとに 18 個の意見文に対する評価得点の平均値を求め，分散分析によって群間差を検討することが多いです．言い換えると，もともと 1 人の実験参加者につき 18 個の評価得点がありますが，これら 18 個の評価得点をプールして 1 つの得点にし，そのプールした得点を用いて分析が行われます．

　しかし，構造に関係なく高く評価される論題もあれば，低く評価される論題もあることが想定されます．つまり，評価得点そのものは論題によって異なると考

7.3 マルチレベルモデルを使用する意義 141

表 7.2 各実験群の評価得点の例

	反論なし群	反論群	再反論群
論題 3	3.43	3.32	3.33
論題 5	2.94	2.97	2.93
論題 8	2.28	2.65	2.83
論題 14	3.47	3.14	2.66
全　体	2.86	2.90	2.79

えられます．また，ある論題は反論想定と再反論があることで評価が高くなるか
もしれませんが，別のある論題ではかえって評価が低くなってしまうかもしれま
せん．すなわち，アーギュメント構造の影響も論題によって異なる可能性があり
ます．これらのことから，評価得点の論題間差と，アーギュメント構造の影響の
論題間差を考慮に入れて分析することが望まれます．実際に，実験刺激 (論題) の
違いによる反応 (意見文に対する評価) の変動は「変量項目効果」(random item
effect) と呼ばれ，変量項目効果を無視して分析を行った場合には，第一種の過誤
の確率が上がることが指摘されています (Murayama et al., 2014)．

　ここで，論題ごとに評価得点の平均値を求め，4 つの論題の評価得点を抜粋し
て表 7.2 に示しました．また，18 個の論題に対する評価得点をプールしたときの
評価得点の平均値も求めました．「全体」の行の値が，評価得点をプールしたと
きの平均値です．反論なし群の評価得点の平均値は 2.86，反論群は 2.90，再反論
群は 2.79 となっており，全体でみると群間差はほとんどなさそうです．しかし，
「論題 8」の行をみると，反論なし群の平均値は 2.28 と低く，再反論群の平均値は
2.83 と高くなっています．一方で「論題 14」では，反論なし群の平均値は 3.47
と高く，再反論群の平均値は 2.66 と低くなっています．このように，反論や再
反論があることで評価が高くなる論題があれば，評価が低くなる論題もあるため
に，得点をプールすると群間差がないようにみえてしまう可能性があります．ま
た，「論題 3」と「論題 5」を比較すると，群間では評価得点に違いがあまりあり
ませんが，アーギュメント構造に関係なく「論題 3」の方が評価得点は高くなっ
ています．つまり，そもそも高く評価されやすい論題もあれば，低く評価されや
すい論題もあることが分かります．

　評価得点をプールして分散分析を行った場合には，こうした論題の違いは考慮
することができませんが，マルチレベルモデルでは論題の違いを考慮することが
できます．これが，本研究においてマルチレベルモデルを使用することの意義に

なります．また，本研究の場合，評価得点は個人によっても異なることが予測されます．つまり，ある参加者は各論題を全体的に高く評価するのに対し，別のある参加者は全体的に低く評価するといったことが考えられます．こうした個人の違いについても，マルチレベルモデルでは考慮することができます．

7.4 使用したモデル

個人 j の論題 i に対する評価得点を目的変数 y_{ij}，説明変数である事前の立場 (反対か賛成か) を st_{ij}，反論ダミーを $\mathrm{dummy1}_{ij}$，再反論ダミーを $\mathrm{dummy2}_{ij}$ とするとき，分析に使用したモデルは次のように表現されます．

レベル 1：

$$y_{ij} = \beta_{0ij} + b_1(\mathrm{st}_{ij} - \bar{\mathrm{st}}._j) + \beta_{2i}\mathrm{dummy1}_{ij} + \beta_{3i}\mathrm{dummy2}_{ij} + r_{ij} \tag{7.1}$$

$$r_{ij} \sim N(0, \sigma^2) \tag{7.2}$$

レベル 2：

$$\beta_{0ij} = \gamma_{00} + u_{0i} + u_{0j} \tag{7.3}$$

$$b_1 = \gamma_{10} \tag{7.4}$$

$$\beta_{2i} = \gamma_{20} + u_{2i} \tag{7.5}$$

$$\beta_{3i} = \gamma_{30} + u_{3i} \tag{7.6}$$

$$u_{0i}, u_{2i}, u_{3i} \sim MVN(\mathbf{0}, T) \tag{7.7}$$

$$T = \begin{bmatrix} \tau_{i00} & \tau_{i20} & \tau_{i30} \\ \tau_{i02} & \tau_{i22} & \tau_{i32} \\ \tau_{i03} & \tau_{i23} & \tau_{i33} \end{bmatrix} \tag{7.8}$$

$$u_{0j} \sim N(0, \tau_{j00}) \tag{7.9}$$

このモデルでは，ランダム切片 β_{0ij} は参加者全体で定義される固定効果 γ_{00} と，論題 i の切片のランダム効果 u_{0i}，個人 j の切片のランダム効果 u_{0j} によって構成されています．つまり，評価得点の論題間差が u_{0i}，評価得点の個人間差が u_{0j} によって表されており，評価得点は論題と個人によって異なることが仮定されています．u_{0i} の分散が τ_{i00}，u_{0j} の分散が τ_{j00} であり，これらの分散が大きいほど，評価得点は論題や個人によって異なることになります．

また，このモデルでは，説明変数の傾きが論題によって変動することが仮定されています．反論ダミーの効果である β_{2i} は全体平均で定義される固定効果 γ_{20} と，論題 i の傾きのランダム効果 u_{2i} によって構成されています．同様に，再反論ダミーの効果である β_{3i} は全体平均で定義される固定効果 γ_{30} と，論題 i の傾きのランダム効果 u_{3i} によって構成されています．u_{2i} と u_{3i} の分散がそれぞれ τ_{i22}，τ_{i33} であり，これらの分散が大きいほど，アーギュメント構造の効果は論題によって異なることになります．

ここで，2つのダミー変数は中心化をしていません．アーギュメント構造によって個人の説得力評価が変わるかに関心があるため，本来ならば個人平均によって中心化をすることが考えられます．しかし，本研究では実験参加者間デザインを採用しているため，個人平均によって中心化すると，変数の値はすべて0になってしまいます．これが，2つのダミー変数に中心化の処理をしていない理由です．また，2つのダミー変数の傾きが個人によって変動することがモデルで表現されていないことも，同じ理由からです．各参加者は1つの構造の意見文しか評価していないため，アーギュメント構造の影響が個人によって異なるかは，本実験では検討することができません．

最後に，事前の立場を統制変数としています．事前の立場の効果が $b_1 (= \gamma_{10})$ になります．この変数は個人平均によって中心化していますが，モデルが複雑になるのを避けるためにランダム効果は仮定していません．

7.5　結　果　と　解　釈

7.5.1　ランダム効果の分散分析モデル (ANOVA モデル)

まず，評価得点を目的変数として，評価得点に個人と論題による違いがあるかを ANOVA モデルによって検討します．具体的には，評価得点が個人によってのみ異なるモデル (モデル A)，論題によってのみ異なるモデル (モデル B)，個人と論題によって異なるモデル (モデル C) のうち，どれを採択するのがよいかについてモデル比較によって検討します．

分析には，R のパッケージ lmerTest に含まれる関数 lmer を利用します．以下が ANOVA モデルを推定するための lmer のスクリプトです [*5]．

[*5]　実際の研究ではベイズ法による推定を行っていますが，本章では最尤法による推定を行います．

144 　7.　アーギュメント構造が説得力評価に与える影響

```
> dat <- read.csv("アーギュメント. csv") #データの読み込み
>
> library(lmerTest) #パッケージの読み込み
>
> anovamodel1<-lmer(eva~(1|sub),data=dat,REML=FALSE) #モデル A
> anovamodel2<-lmer(eva~(1|theme),data=dat,REML=FALSE) #モデル B
> anovamodel3<-lmer(eva~(1|sub)+(1|theme),data=dat,REML=FALSE) #モデル C
```

　3つのモデルのうち，1つ目のモデルでは，目的変数である評価得点 (eva) が個人 (sub) の違いによって説明されていることを，eva~(1|sub) によって表現しています．同様に2つ目のモデルでは，評価得点が論題 (theme) の違いによって説明されていることを，eva~(1|theme) によって表現しています．さらに3つ目のモデルでは，評価得点が個人と論題の違いによって説明されていることが，eva~(1|sub)+(1|theme) で表現されています．このように，ランダム効果が2つ以上ある場合もプラス記号 (+) を用いることで設定が可能です．

　次に，関数 lmer のオブジェクトと関数 anova を利用して情報量規準を表示します．スクリプトと出力結果は以下のようになります．

```
> anova(anovamodel1,anovamodel2,anovamodel3) #情報量規準の算出と尤度比検定
--  一部省略  --
        Df     AIC     BIC  logLik  deviance  Chisq  Chi Df  Pr(>Chisq)
object   3  5097.8  5114.9  -2545.9    5091.8
..1      3  5205.1  5222.1  -2599.5    5199.1   0.00       0          1
..2      4  4809.4  4832.1  -2400.7    4801.4  397.67       1   <2e-16 ***
---
Signif. codes:  0  '***'  0.001  '**'  0.01  '*'  0.05  '.'  0.1  ' '
```

　出力結果のうち，object の行がモデル A，..1 の行がモデル B，..2 の行がモデル C の結果になります．ここで，モデル A とモデル B はネスト関係にはありませんので，情報量規準である AIC の値に注目します．すると，モデル C の AIC の値 (4809.4) が最も小さいことから，評価得点は個人によっても論題によっても異なることが示唆されました．

7.5 結 果 と 解 釈

7.5.2 ランダム効果の共分散分析モデル，ランダム切片・傾きモデル

次に，2つのダミー変数を用いてアーギュメント構造の影響について検討します．ここでは，2つのダミー変数の傾きに論題のランダム効果があるかを検討するために，ランダム効果を仮定しない RANCOVA モデルと，ランダム効果を仮定するランダム切片・傾きモデルを比較します．

```
> dat$st.cwc=dat$st-ave(dat$st,dat$sub) #事前の立場を個人平均で中心化
>
> rancovamodel<-lmer(eva~st.cwc+dummy1+dummy2+ #RANCOVA モデル
+ (1|sub)+(1|theme),data=dat,REML=FALSE)
> rismodel1<-lmer(eva~st.cwc+dummy1+dummy2+ #ランダム切片・傾きモデル
+ (1|sub)+(1+dummy1+dummy2|theme),data=dat,REML=FALSE)
```

分析に先立ち，変数「事前の立場」は個人平均によって中心化しています．RANCOVA モデルでは (1|theme) としているのに対し，ランダム切片・傾きモデルでは (1+dummy1+dummy2|theme) とすることでランダム切片とランダム傾きを表現しています．

関数 lmer のオブジェクトと関数 anova を用いて，情報量規準を表示します．

```
> anova(rancovamodel,rismodel1) #情報量規準の算出と尤度比検定
--  一部省略  --
       Df    AIC    BIC  logLik  deviance  Chisq  Chi Df  Pr(>Chisq)
object  7 4612.2 4651.9 -2299.1    4598.2
..1    12 4556.8 4624.8 -2266.4    4532.8  65.42       5   9.172e-13 ***
---
Signif. codes:  0  '***'  0.001  '**'  0.01  '*'  0.05  '.'  0.1  ' '  1
```

出力結果のうち，object の行が RANCOVA モデル，..1 の行がランダム切片・傾きモデルの結果になります．AIC の値はランダム切片・傾きモデルの方が小さくなっていることが分かります．また，尤度比検定の結果も有意であり，ランダム切片・傾きモデルの適合の良さが示唆されました．したがって，アーギュメント構造の影響は論題によって異なるといえそうです．

では，関数 summary を用いてランダム切片・傾きモデルのもとで推定を行った結果を出力します．

```
> summary(rismodel1)
Random effects:
 Groups    Name          Variance Std.Dev.    Corr
 sub       (Intercept)   0.16131  0.4016
 theme     (Intercept)   0.15960  0.3995
           dummy1        0.05741  0.2396     -0.90
           dummy2        0.11189  0.3345     -0.84  0.97
 Residual                0.41615  0.6451
Number of obs: 2144, groups:  sub, 121; theme, 18

Fixed effects:
             Estimate Std. Error        df  t value  Pr(>|t|)
(Intercept)   2.85654    0.11832   37.10000   24.142   <2e-16 ***
st.cwc        0.36898    0.03262 1979.70000   11.311   <2e-16 ***
dummy1        0.03963    0.11163   86.60000    0.355    0.723
dummy2       -0.06724    0.12635   64.90000   -0.532    0.596
---
Signif. codes:  0 '***' 0.001 '**' 0.01 '*' 0.05 '.' 0.1 ' '
```

　まず固定効果について，事前の立場の効果の推定値 $\hat{\gamma}_{10}$ は 0.36898 であり，有意であることが分かります．一方で，反論ダミーの効果の推定値 $\hat{\gamma}_{20}$ と再反論ダミーの効果の推定値 $\hat{\gamma}_{30}$ はそれぞれ 0.03963，-0.06724 であり，有意ではありませんでした．したがって，アーギュメント構造の影響はみられないことが示されました．

　次に変量効果について，個人のランダム切片の分散の推定値 $\hat{\tau}_{j00}$ は 0.16131，論題のランダム切片の分散の推定値 $\hat{\tau}_{i00}$ は 0.15960 でした．また，反論ダミーのランダム傾きの分散 $\hat{\tau}_{i22}$ は 0.05741，再反論ダミーのランダム傾きの分散 $\hat{\tau}_{i33}$ は 0.11189 でした．最後に，誤差分散の推定値 $\hat{\sigma}^2$ は 0.41615 でした．

7.5.3　結果の解釈

　パラメータ推定値をまとめたものが表 7.3 です．推定の結果，アーギュメント構造の影響はみられないことが示唆されました．それでは，ダミー変数の効果が 0 であるとみなすことはできるのでしょうか．このことについて示唆を得るため

7.5 結 果 と 解 釈

表 7.3 切片・傾きの分散推定モデルの推定値

パラメータ	推定値	標準誤差	95%信頼区間
γ_{00}	2.857	0.118	[2.625, 3.088]
γ_{10}	0.369	0.033	[0.305, 0.433]
γ_{20}	0.040	0.112	[−0.179, 0.258]
γ_{30}	−0.067	0.126	[−0.315, 0.180]
τ_{i00}	0.160		
τ_{j00}	0.161		
τ_{i22}	0.057		
τ_{i33}	0.112		
$\tau_{i02} = \tau_{i20}$	−0.086		
$\tau_{i03} = \tau_{i30}$	−0.112		
$\tau_{i23} = \tau_{i32}$	0.078		
σ^2	0.416		

に，2つのダミー変数の効果が0であるという制約を課したモデルで推定を行い，自由推定した先ほどのモデルと比較してみます．効果が0であることを仮定したモデルの推定と，情報量規準を表示するためのスクリプトと結果は以下のとおりです．

```
> rismodel2<-lmer(eva~st.cwc+(1|sub)+(1+dummy1+dummy2|theme),
+ data=dat,REML=FALSE)
>
> anova(rismodel2,rismodel1)
        Df    AIC    BIC  logLik deviance  Chisq  Chi Df  Pr(>Chisq)
object  10 4554.0 4610.7 -2267.0   4534.0
..1     12 4556.8 4624.8 -2266.4   4532.8 1.1979       2      0.5494
```

AICをみると，rismodel2の方がAICの値は小さくなっています．この結果からは，2つのダミー変数の効果が0であるとみなすことが許容されます．

以上の結果，アーギュメント構造の影響はみられませんでした．また，RAN-COVAモデルと比較して，ランダム切片・傾きモデルの方が適合が良かったことから，アーギュメント構造の影響のあり方は論題によって異なることが示されました．つまり，説得力評価に対してアーギュメント構造は影響を与えないというわけではなく，反論想定や再反論があることで説得力評価が高くなる論題と低く

なる論題，説得力評価が変化しない論題とが存在し，これらを平均すると影響が
ないようにみえる，ということです．したがって，論題によってアーギュメント
構造の影響が異なることが，先行研究の知見が一貫してこなかった原因の一つと
考えられます．

文　　　　　献

1) Allen, M. (1991). Meta-analysis comparing the persuasiveness of one-sided and two-sided messages. *Western Journal of Speech Communication*, **55**, pp.390–404. doi: 10.1080/10570319109374395.

2) Hovland, C. I., Lumsdaine, A. A., & Sheffield, F. D. (1949). *Experiments on Mass communication*. Princeton University Press.

3) Murayama, K., Sakaki, M., Yan, V. X., & Smith, G. M. (2014). Type-1error inflation in the traditional by-participant analysis to metamemory accuracy: A generalized mixed-effects model perspective. *Journal of Experimental Psychology: Learning, Memory, and Cognition*, **40**, pp.1287–1306. doi: 10.1037/a0036914.

4) Nickerson, R. S. (1991). Modes and models of informal reasoning: A commentary. In J. F. Voss, D. N. Perkins, & J. W. Segal (Eds.), *Informal Reasoning and Education* (pp.83–106). Hillsdale, Erlbaum.

5) O'Keefe, D. J. (1999). How to handle opposing arguments in persuasive messages: A meta-analytic review of the effects of one-sided and two-sided messages. In M. E. Roloff (Ed.), *Communication Yearbook*, **22**, pp.209–249. Thousand Oaks, Sage.

6) O'Keefe, D. J. (2004). Trends and prospects in persuasion theory and research. In J. S. Seiter and R. H. Gass (Eds.), *Perspectives on Persuasion, Social Influence, and Compliance Gaining* (pp.31–43). Pearson/Allyn and Bacon.

7) 富田英司・丸野俊一 (2004). 思考としてのアーギュメント研究の現在. 心理学評論，**47**, pp.187–209.

8) Wolfe, C. R., Britt, M. A., & Butler, J. A. (2009). Argumentation schema and the myside bias in written argumentation. *Written Communication*, **26**, pp.183–209. doi: 10.1177/0741088309333019.

8

チーム開発プロジェクトがメンバー企業の
事業化達成度に与える影響

8.1 研究の背景

　経営戦略論は価値創造 (イノベーション論) と価値獲得 (競争戦略論) に大別され，いずれも階層構造のデータを扱うことが必要となります．集団と個体の関連を扱うことが多いためです．産業組織と企業，全社組織と事業組織，事業組織と個人などは，経営学で扱う典型的な階層的データです．

　個体レベルの行動と集団レベルの行動に対して，経営学ではそれぞれにマネジメント指針を与えています．個人レベルの行動規範として標準作業の規定を推奨する一方で，集団レベルの指針として良いプロジェクトマネジメントを追求しています．いわゆる，ミクロなマネジメントとマクロなマネジメントです．

　個体レベルと集団レベルの 2 つのマネジメントが，それぞれ異なるものであることは，経営学では強く意識されています．その一方で，2 つのマネジメントが互いに関連していることも意識されています．ですから，経営戦略論にとって，階層的データを適切に分析することは，重要かつ有用です．そこで今回の研究は，イノベーションをテーマに，階層的データの分析を行いました．

　企業がイノベーションを起こすときに，1 社だけでイノベーションを起こすわけではありません．複数社が協力・競合しながら，イノベーションを達成しようとするのが普通です．1 社だけでイノベーションを完結させられるような企業は存在しません．新しい製品やサービスが実現すればその分野の市場成長が見込まれるため，他の企業と協力しながらイノベーションを実現するのが合理的です．しかし同時に，企業どうしは最終的に収益化では競合するため，複数企業でのイノベーション実現は容易ではありません．特にイノベーションに長い時間を要するような場合は不確実性が高まるので，複数企業でのイノベーションはなか

なかうまく進みません.

産業政策の観点からみると,このような難しい状況を少しでも和らげ,企業のイノベーションを促進することが重要です.各国政府はイノベーション環境改善のために政府開発投資金を使って,複数企業による開発研究プロジェクトを支援しています.1 社では達成できないようなイノベーションに政府が資金支援をすることで国内のイノベーションを加速させたい,と考えているからです.

しかし,政府による企業の研究開発支援は,民間企業の不採算事業の駆け込み先にもなりがちです.ゾンビ企業の延命の温床となり,国内のイノベーション促進という目標からは大きく乖離してしまう危険があります.このため,政府支援の研究開発の実態について関心が高まっています.

実務的な観点からも政府支援の研究開発マネジメントについて関心が高まっています.政府支援の研究開発プロジェクトは,1 社で完結できないようなイノベーションを支援する目的があるので,複数企業が 1 つの研究開発プロジェクトに従事するのが通例です.チーム開発型のプロジェクトは,メンバー企業の目標と研究開発プロジェクトの目標が必ずしも一致しないため,成果を上げることが難しいことで知られています.そのため,より効果的なプロジェクトマネジメントを探りたい,という要望が大きくなっています.

このような背景から,本研究は「NEDO プロジェクトの効果測定及びマネジメントに関する研究 (平成 28 年度募集)」の一環として,日本の公的資金ファンディングエージェンシーである国立研究開発法人新エネルギー・産業技術総合開発機構 (以下,NEDO) の研究開発プロジェクトの成果評価データを用いた分析を行います.成果評価データは,チーム開発のプロジェクト成果 (集団レベル変数) とメンバー企業の事業化成果 (個体レベル変数) から構成された階層的データです.

NEDO は,「エネルギー・地球環境問題の解決」および「産業技術力の強化」に取り組む国立研究開発法人です.年間予算は 1300 億円ほどで,日本最大級の公的研究開発マネジメント機関です.NEDO のナショナルプロジェクトの特性としては,5〜10 年規模の中長期にわたること,単体企業では取り組むのが難しい題材であることなどがあげられます.プロジェクトの対象領域は,エネルギー,環境,ロボット技術,電子・情報通信,材料・ナノテクノロジーと多岐にわたります.

NEDO では,政策や情報収集に基づいて技術戦略を策定し,プロジェクトの企画・立案・プロジェクトマネジメント・評価という一連のサイクルを回しています.特徴的な点として,NEDO 自体には研究機能がありません.企業,企業組

合，大学への公募という形でプロジェクトを推進します．そのため，開発投資援助したプロジェクトの成果評価や，それらプロジェクト成果の企業への波及が重要となります．

なお，本研究はまだ予備的な段階です．ここでの推定結果は研究途中のもので，最終的な結論をするには，適切な統制変数を設定したり，変数の性質を検討したりする必要があります．読者はその点に十分留意する必要がありますが，マルチレベルモデルの有用性を示す教材として読み進めてください．

8.2　扱うデータについて

本研究では，企業の技術の実用化進捗度 (個体レベル) に対して，企業の個体レベルの開発成果 (企業目標達成度) と，複数メンバー企業の集団レベルの開発成果 (プロジェクト成果) のそれぞれがどれほど影響を与えているか，を推定します．表 8.1 に示す変数のうち，「企業 ID」から「企業目標達成度」までの変数は「個体レベル (個別企業)」の変数です．「プロジェクト成果」と「プロジェクト ID」は「集団レベル (プロジェクト)」の変数です．

NEDO が公募する研究開発プロジェクトは多くの場合，1 つのプロジェクトに複数の企業が参加して実施されます．プロジェクトは様々な技術分野に対して公募が行われます．対象とする技術的な困難さはまちまちであり，堅実なものから野心的なものまで含まれます．NEDO の性質上，堅実なテーマが良いとは言い切れません．もしも堅実なものであれば，企業の自己投資だけで遂行すれば十分だからです．むしろ，野心的ではあるが，社会経済全体に対してメリットがあるようなテーマが重視されます．このため，プロジェクトごとの異質性が大きい点が一つの特徴となっています．

NEDO にとって，公募した研究開発プロジェクトを成功させることはとても重要です．しかし同時に，参加したメンバー企業が公募プロジェクトで得た成果をもとに，自社事業で技術シーズを実用化 (製品化や事業化) することも重要です．そのため NEDO では，プロジェクトの成果評価と各メンバー企業の追跡調査を行っています．今回の分析では，プロジェクト終了直後に行ったプロジェクト成果 (集団レベル変数) と，プロジェクトのメンバー企業の実用化進捗度 (個体レベル) とを対応づけし，新たなデータセットを作成しました．表 8.1 にデータ構造を示します．

8. チーム開発プロジェクトがメンバー企業の事業化達成度に与える影響

表 8.1 データの構造

レベル 1 の変数：個体レベル (個別企業)			レベル 2 の変数：集団レベル (プロジェクト)	
企業 ID	実用化進捗度	企業目標達成度	プロジェクト成果	プロジェクト ID
comID	prac_use1	com_achv1	proj_score2	projID
1	60	100	4	1
2	60	100	4	1
3	80	80	4	1
⋮	⋮	⋮	⋮	⋮
18	80	80	4.4	2
19	80	100	4.4	2
20	100	100	4.4	2
⋮	⋮	⋮	⋮	⋮
575	60	80	5.3	57
576	60	80	5.3	57
577	80	80	5.3	57

　集団レベルの説明変数である「プロジェクト成果」は，1 プロジェクトごとに外部評価委員会が提出した評価報告書に基づき，「研究開発成果」と「成果の実用化・事業化に向けた取り組み及び見通し」の項目を合算したものを用いました．各項目は 0〜3 点でスコア化されているので，合算得点であるプロジェクト成果は 0〜6 点の範囲となります．今回の研究では，平成 24 から平成 27 年の 4 年間分のプロジェクト成果評価のデータを用いました．対象となったのは 57 プロジェクトです．1 つのプロジェクトには 1〜52 社のメンバー企業が所属し，平均すると 1 プロジェクトのメンバー企業数は 10.12 社でした．

　次に，個体レベルの目的変数であるメンバー企業の「実用化進捗度」と個体レベルの説明変数である「企業目標達成度」について説明します．「実用化進捗度」は，プロジェクト終了 1 年後に行った追跡調査から得られたものを用いました．20, 40, 60, 80, 100 点の自己評価で得点化されています．「企業目標達成度」は，NEDO 公募のプロジェクトに参加して設定された技術的な課題の達成度を自己評価で得点化したものです．これも終了 1 年後に行った追跡調査から取得しまし

た. 20, 40, 60, 80, 100 点で得点化されています[1].

8.3 マルチレベルモデルを使用する意義

本研究でマルチレベルモデルを使用する意義は 3 つあります. 1 つめは階層的データを適切に処理するためです. 2 つめは集団レベルの変数が目的変数にどれほど影響しているのかを正しく推定するためです. 3 つめは, 集団レベルの変数が個体レベルの変数の効果にどれほど影響しているのかを推定するためです.

まずマルチレベルモデルを使用する 1 つめの意義として, 階層的データの適切な処理について触れます. NEDO のプロジェクト開発では複数のメンバー企業が 1 つの公募プロジェクトに所属して研究開発を行います. 本研究で扱うデータでは, メンバー企業の集合がプロジェクトチームになっているので, 典型的な階層データです.

複数企業がチームとなるプロジェクト開発では, 似たようなメンバー企業が同じプロジェクトに参加するということが考えられます. また, メンバー企業どうしがチームとしてプロジェクト開発を行うことにより, プロジェクトのメンバー企業の組織能力が高められることも考えられます. つまり, 同じプロジェクト内の企業の属性は類似し, プロジェクト間の企業の属性は異なることが考えられます. このような場合, 個体レベルのデータは独立したサンプルと仮定することができません. むしろ集団レベルの変数に影響されていると考える方が妥当です.

実際に集団の影響が強いかどうかを推定するために, 実用化進捗度の級内相関係数を算出してみました. すると, 級内相関係数は 0.16 であり, プロジェクトによる集団の影響は十分に大きいと考えられます. このことからマルチレベルモデルを採用することが望ましいと判断できます.

マルチレベルモデルを用いる 2 つめの意義として, 個体レベルの影響と集団レベルの影響を分離して分析する点があげられます. 本研究では, 企業の技術の実用化進捗度に対して, 企業の個体レベルの開発成果 (プロジェクト達成度) と, 複数メンバー企業の集団レベルの開発成果 (プロジェクト成果) のそれぞれがどれ

---

[1] 追跡調査では実用化進捗度もプロジェクト達成度もともに自己採点で評価が行われています. そのため, いわゆるコモンメソッドバイアスが懸念されます. 本研究では, この点に留意する必要があります. なお, 追跡調査では, 企業行動を基準にした設問項目 (製品上市した, など) も用意されており, コモンメソッドバイアスに対処するため, 今後の研究で活用される予定です.

ほど影響を与えているか, を推定します.

　プロジェクトという集団レベルの変数が, 個別企業の成果にどのような影響を与えるのかを知るのは, 実務的な要請でもあります. NEDO は公的なファンディングエージェンシーで, 1 社では達成できないような課題について国内のイノベーションを促進することを期待して, 開発投資支援を行っています. この目的に基づけば, 集団レベルの変数であるプロジェクト成果が, 個体レベルの企業の技術実用化進捗度を押し上げることが期待されます. 集団レベルの影響を把握するためには, 個体レベルの影響とは分離して推定する必要があります. このために本研究ではレベル 1 の説明変数に集団平均中心化 (CWC) を行い, マルチレベルモデルを適用しました.

　マルチレベルモデルを用いる 3 つめの意義として, 集団レベルの変数が個体レベルの変数の効果に与える影響の推定について触れます. NEDO プロジェクトでは, メンバー企業のチームによるプロジェクト開発を通じて, メンバー企業の技術の実用化進捗度が高まることを期待しています. この期待は, プロジェクト成果が個別企業の技術実用化に流用されるという単純メカニズムだけでなく, メンバー企業の組織能力を高めることによって, 実用化進捗度が高まることも期待しています.

　一般的な経営学の実証分析では, ある組織に関して $Y = \beta_0 + \beta_1 X_1 + \cdots + \beta_n X_n$ という生産関数を仮定します. Y は, 産出量 (生産量や特許数) であったり市場成果 (市場シェア) であったり, 何らかのパフォーマンスを示す変数です. $X_1, \ldots, X_n$ は各生産要素の投入量 (投資金額や人月) を表します. そのとき, $\beta_1, \ldots, \beta_n$ は産出量に対する投入量の変換効率であり, 生産性を示しています. この組織の生産性を, 経営学では組織能力と捉えることが多く, 具体的には, 回帰モデルの係数を組織能力と解釈します. 本研究では企業目標達成度の係数を組織能力として解釈します.

　一般的な重回帰モデルでは, 回帰係数は固定効果のみで構成されています. このため係数をさらに他の変数で説明するような仮説を扱うことができません. たとえば, 集団ごとの情報伝達性 (レベル 2 変数) で個人の生産性 (レベル 1 変数) を表す回帰係数を説明するような仮説をうまく扱うことができません [2).

[2) 従来使われてきた分析手法では, 回帰モデルに組織 ID を示すダミー変数を投入し, ダミー変数と他の説明変数との交互作用項を含む回帰モデルを推定して, 組織ごとの生産性の違いを推定していました.

一方，マルチレベルモデルによるクロスレベル交互作用分析を用いれば，レベル1変数の係数について，レベル2変数の水準の違いを説明することができます．クロスレベル交互作用は，レベル1変数の傾きのバラつき (係数のランダム効果) をレベル2の水準変化で説明するものです．

以上のように，本研究でマルチレベルモデルを使用する意義は3点あります．以降では，実際にマルチレベルモデルを使用した分析と推定結果について説明します．

8.4　使用したモデル

本分析では，まず経営学で用いる一般的なモデル (重回帰モデル) とマルチレベルモデルを比較して，マルチレベルモデルの妥当性を確認しました (表8.2)．次に，マルチレベルモデルに基づいて説明変数の中心化を行った複数モデルを比較しました (表8.3)．異なるレベルの変数の効果を正しく理解するためには，目的に応じた説明変数の中心化が必要だからです．表8.2と表8.3を比較することで，中心化の意義を確認することができます．最後に，クロスレベル交互作用モデルを推定し，個体レベル (個別企業) の効果 (＝係数) が，集団レベル (プロジェクト) の変数にどの程度影響されるのかを推定しました (表8.4)．これら一連の分析を通じて，研究開発に関する階層的データを用いた分析例を紹介します．

まず，表8.2で複数のモデルを比較して，マルチレベルモデルの妥当性を確認しました [3]．なお，表中の (1)~(4) がモデルの番号になります．以下では「モ

$$Y = \beta_0 + \beta_1 X_1 + \beta_2 D + \beta_3 X_1 D$$
$$= \beta_0 + (\beta_1 + \beta_3 D)X_1 + \beta_2 D$$

D：ダミー変数 (参照水準の組織 ID の場合は 0，それ以外では 1)

上記の交互作用モデルでは，β_3 は組織が異なることに関する，X_1 の回帰係数の違いとして理解することができます．つまりレベル2変数 (集団レベル) がレベル1変数 (個人レベル) の効果に与える影響を推定しています．しかし，この方法では，組織の数が多くなるほどダミー変数が多くなります．そのため，表8.2のモデル2での指摘と同様に，不合理なほど複雑なモデルになる傾向があり，過剰適合の問題が生じやすくなります．

[3] 表8.2の R^2 (決定係数) のうち，マルチレベルモデルを適用したモデル (3)，(4) は conditional R^2 を表示しています．マルチレベルモデルの R^2 には固定効果による分散説明率を表したもの (marginal R^2) と固定効果 + ランダム効果による分散説明率を表したもの (conditional R^2) があります．マルチレベルモデルの R^2 は MuMIn パッケージの r.squaredGLMM 関数で算出することができます．

表 8.2　モデル比較

	説明変数			
	企業の実用化進捗度 prac_use1			
	glm	glm (dv)	mlm (ri)	mlm (ris)
	(1)	(2)	(3)	(4)
β_0	27.714***	−9.990		
	(6.430)	(51.351)		
β_1	0.478***	0.479***	0.476***	
	(0.047)	(0.046)	(0.046)	
β_2	−2.053*	9.563		
	(1.141)	(12.496)		
γ_{00}			17.600*	14.972
			(10.632)	(10.388)
γ_{01}			0.327	0.861
			(2.202)	(2.157)
γ_{10}				0.479***
				(0.051)
projID dummy	No	Yes	No	No
N_{projID}			57	57
σ^2	347.5	287.45	292.22	286.46
τ_{00}			68.4	62.8
τ_{11}				0.02
$\tau_{01} = \tau_{10}$				−0.8
R^2	0.15	0.37	0.31	0.33
AIC	5018	4960	4985	4985
BIC	5036	5217	5006	5015
Observations	577	577	577	577

注：$^*p < 0.1$, $^{**}p < 0.05$, $^{***}p < 0.01$

デル (1)」,「モデル (2)」と呼んでいきます.

　表 8.2 のモデル (1)「glm」は一般的な重回帰モデル (最尤推定) です. モデル (2)「glm (dv)」はプロジェクトの異質性に対応するために, 各プロジェクトを表すダミー変数を設定したモデルです. モデル (3) と (4) はマルチレベルモデルです. モデル (3)「mlm (ri)」はランダム切片モデルで, プロジェクト間の異質性に対して切片にのみランダム効果を設定しています. モデル (4)「mlm (ris)」はランダム切片・傾きモデルで, プロジェクト間の異質性に対して切片と傾きにラ

8.4 使用したモデル

モデル式 1

モデル (1)
$$prac\_use1_{ij} = \beta_0 + \beta_1 com\_achv1_{ij} + \beta_2 proj\_score2_j + r_{ij}$$
$$r_{ij} \sim N(0, \sigma^2)$$

モデル (2)
$$prac\_use1_{ij} = \beta_0 + \beta_1 com\_achv1_{ij} + \beta_2 proj\_score2_j + \beta_3 projID_1 + \ldots$$
$$+ \beta_{56} projID_{56} + r_{ij}$$
$$r_{ij} \sim N(0, \sigma^2)$$
$projID_1 \ldots projID_{56}$ は projectID を示すダミー変数

モデル (3)
レベル 1：
$$prac\_use1_{ij} = \beta_{0j} + \beta_1 com\_achv1_{ij} + r_{ij}$$
$$r_{ij} \sim N(0, \sigma^2)$$
レベル 2：
$$\beta_{0j} = \gamma_{00} + \gamma_{01} proj\_score2_j + u_{0j}$$
$$u_{0j} \sim N(0, \tau_{00})$$

モデル (4)
レベル 1：
$$prac\_use1_{ij} = \beta_{0j} + \beta_{1j} com\_achv1_{ij} + r_{ij}$$
$$r_{ij} \sim N(0, \sigma^2)$$
レベル 2：
$$\beta_{0j} = \gamma_{00} + \gamma_{01} proj\_score2_j + u_{0j}$$
$$\beta_{1j} = \gamma_{10} + u_{1j}$$
$$u_{0j}, u_{1j} \sim MVN(0, T), \quad T = \begin{bmatrix} \tau_{00} & \tau_{01} \\ \tau_{10} & \tau_{11} \end{bmatrix}$$

ンダム効果を設定しています.

4 つのモデルを比較します. モデルの適合度を決定係数 R^2 で比較すると, 最も R^2 が高いのはモデル (2) であり, モデル (4) がそれに続いています. モデル (1) は最も R^2 が低く, 目的変数の分散を説明するという意味でモデル (1) は最も劣っています.

モデルの適合度を AIC でみると, モデル (1) は他のモデルよりも当てはまりが悪くなっています. その理由は階層的データの特性 (プロジェクト間の異質性) を, モデル (1) が考慮していないためだと考えられます.

一方, モデルの適合度を BIC で比較すると, モデル (2) が他のモデルよりも悪いことが分かります. モデル (2) は, プロジェクト間の異質性に対処するために 56 個ものダミー変数をモデルに設定したものです. そのため推定するパラメータ

数が多く，複雑なモデルとなっています．BIC は AIC よりもパラメータ数に対して大きなペナルティをかけるため，モデル (2) で BIC が悪化する原因となっているのです．モデル (2) はデータ数に対してモデルが不合理に複雑すぎると考えられます[*4]．

R^2，AIC，BIC を総合して考慮すると，マルチレベルモデルを利用したモデル (3) と (4) がデータに対してよく適合していると考えられます．データに対するモデルの適合度の点から，階層的データに対してマルチレベルモデルを採用するメリットが分かります．

マルチレベルモデルのメリットは適合度の点だけではありません．正しく係数の解釈を行う点でも威力を発揮します．各係数をみてみると，メンバー企業の企業目標達成度 com_achv1 の係数 β_1 および γ_{10} は，いずれのモデルでも 1%水準で統計的有意に正でした．一方，プロジェクト成果 proj_score2 の係数 β_2 および γ_{01} をみてみると，モデル (1) は負符号ですが，他の 3 つのモデルは正符号でした．いずれも統計的有意ではありませんでした．

本分析の関心の一つは，プロジェクト成果がメンバー企業の実用化進捗度にどのような影響を与えるか，というものです．そのため，score_proj2 の係数は重要です．モデル (1) の proj_score2 の係数 β_2 は負符号です．しかし，この推定値はミスリーディングである可能性があります．モデル (1) は階層的データ構造 (集団間の異質性) に対処していないモデルです．モデル定式化の誤りが起こっている可能性があります．モデル (2)〜(4) はこれらの点を考慮したモデルで，R^2，AIC，BIC のいずれの適合度もモデル (1) よりも高くなっています．さらに，モデル (1) とは違い，モデル (2)〜(4) で推定した proj_score2 の係数 β_2 もしくは γ_{01} は正符号になっています．これらの結果から，拙速にモデル (1) の推定結果を採用するのは問題があることが分かります．この例は，階層的データに対して適切なモデルを設定していないと，誤った推定結果を採用する可能性があることを示唆しています．

さらに分析を進めます．表8.3では，個体レベル (企業目標達成度 com_achv1)・

[*4]　データ数に対してモデルが複雑すぎると，推定結果のモデルが過剰適合 (過学習) を起こしやくなります．過剰適合が生じると，現在の標本データに対してモデルの精度は高いが，同じ母集団から新たにサンプリングした標本データに対して誤差が大きくなる，という問題が生じます．この点から，過剰適合が起きているモデルは避けるべきです．また，解釈の容易性の点からも，不合理なほど複雑なモデルは避けるべきです (このような指針を「オッカムの剃刀」といいます)．

8.4 使用したモデル　159

表 **8.3**　個体レベルの説明変数を中心化したモデル

	説明変数				
	企業の実用化の進捗度 prac_use1				
	raw (5)	rawc (6)	cgm (7)	cwc.nc (8)	cwc (9)
γ_{00}	14.972	18.808***	58.671***	54.682***	58.749***
	(10.388)	(4.092)	(1.418)	(10.133)	(1.474)
γ_{10}	0.479***	0.479***	0.479***	0.488***	0.488***
	(0.051)	(0.051)	(0.051)	(0.054)	(0.054)
γ_{01}	0.861	0.861	0.861	0.912	0.912
	(2.157)	(2.157)	(2.157)	(2.241)	(2.241)
N_{prodID}	57	57	57	57	57
σ^2	286.46	286.46	286.46	285.06	285.06
τ_{00}	62.8	62.77	71.46	80.58	80.58
τ_{11}	0.02	0.02	0.02	0.03	0.03
$\tau_{01} = \tau_{10}$	-0.8	-0.8	0.9	0.99	0.99
R^2	0.33	0.33	0.33	0.33	0.33
AIC	4985	4985	4985	4988	4988
Observations	577	577	577	577	577

注：$^*p < 0.1$，　$^{**}p < 0.05$，　$^{***}p < 0.01$

集団レベルの変数 (プロジェクト成果 proj_score2) が個体レベルの成果 (実用化
進捗度 prac_use1) に与える影響を推定します．異なるレベルの変数が与える影響
を正しく推定するためには，個体レベルの説明変数に中心化を行う必要がありま
す．個体レベルの説明変数 com_achv1 に集団平均中心化 (CWC) を施したモデ
ル (9) で，個体レベルと集団レベルの影響の大きさを推定します．なお比較のた
め，他の中心化をしたモデルの推定結果も表 8.3 に掲載します．表 8.3 のモデル
はすべてランダム切片・傾きモデルです．

表 8.3 のモデル (5)「raw」は表 8.2 のモデル (4) と同一のモデルです．モデ
ル (5) は中心化が行われていないモデルです．モデル (6)「rawc」はレベル 2 の
変数であるプロジェクト成果 score_proj2 に全体平均中心化 (CGM) を施した変
数 ($proj\_score2_j - \overline{proj\_score2.}$) をモデルに投入しています．モデル (7)「cgm」
はレベル 2 の変数だけでなく，レベル 1 の変数にも CGM を施したモデルです．
achv_proj1 に CGM を施した変数 ($com\_achv1_{ij} - \overline{com\_achv1..}$) を投入していま
す．モデル (8) と (9) はともに CWC を企業目標達成度 com_achv1 に施した変数

$(com\_achv1_{ij} - \overline{com\_achv.j})$ を投入したモデルです．ただし，モデル (8)「cwc.nc」

モデル式 2

モデル **(5)**　　（モデル (4) と同一モデル）
レベル 1：
$$prac\_use1_{ij} = \beta_{0j} + \beta_{1j}com\_achv1_{ij} + r_{ij}$$
$$r_{ij} \sim N(0, \sigma^2)$$
レベル 2：
$$\beta_{0j} = \gamma_{00} + \gamma_{01}proj\_score2_j + u_{0j}$$
$$\beta_{1j} = \gamma_{10} + u_{1j}$$

モデル **(6)**
レベル 1：
$$prac\_use1_{ij} = \beta_{0j} + \beta_{1j}com\_achv1_{ij} + r_{ij}$$
レベル 2：
$$\beta_{0j} = \gamma_{00} + \gamma_{01}(proj\_score2_j - \overline{proj\_score2.}) + u_{0j}$$
$$\beta_{1j} = \gamma_{10} + u0j$$

モデル **(7)**
レベル 1：
$$prac\_use1_{ij} = \beta_{0j} + \beta_{1j}(com\_achv1_{ij} - \overline{com\_achv1..}) + r_{ij}$$
レベル 2：
$$\beta_{0j} = \gamma_{00} + \gamma_{01}(proj\_score2_j - \overline{proj\_score2.}) + u_{0j}$$
$$\beta_{1j} = \gamma_{10} + u_{0j}$$

モデル **(8)**
レベル 1：
$$prac\_use1_{ij} = \beta_{0j} + \beta_{1j}(com\_achv1_{ij} - \overline{com\_achv1.j}) + r_{ij}$$
レベル 2：
$$\beta_{0j} = \gamma_{00} + \gamma_{01}proj\_score2_j + u_{0j}$$
$$\beta_{1j} = \gamma_{10} + u_{0j}$$

モデル **(9)**
レベル 1：
$$prac\_use1_{ij} = \beta_{0j} + \beta_{1j}(com\_achv1_{ij} - \overline{com\_achv1.j}) + r_{ij}$$
レベル 2：
$$\beta_{0j} = \gamma_{00} + \gamma_{01}(proj\_score2_j - \overline{proj\_score2.}) + u_{0j}$$
$$\beta_{1j} = \gamma_{10} + u_{0j}$$

なお，各モデルの $r_{ij}, \beta_{0j}, \beta_{1j}$ について以下のとおり
$$r_{ij} \sim N(0, \sigma^2)$$
$$\beta_{0j} = \gamma_{00} + u_{0j}$$
$$\beta_{1j} = \gamma_{01} + u_{1j}$$
$$u_{0j}, u_{1j} \sim MVN(0, T), \quad T = \begin{bmatrix} \tau_{00} & \tau_{01} \\ \tau_{00} & \tau_{11} \end{bmatrix}$$

はプロジェクト成果 score_proj2 には中心化を施していません．一方，モデル (9)「cwc」はプロジェクト成果には CGM を施した変数 $(proj\_score2_j - \overline{proj\_score2.})$ を投入しています．

本研究の目的は，目的変数である企業の実用化進捗度 prac_use1 に対して，個体レベルの変数と集団レベルの変数がどの程度影響しているのかを推定することです．そのため，個体レベルの変数として企業のプロジェクト達成度 com_achv1 を，集団レベルの変数としてプロジェクト成果 proj_score2 を，それぞれモデルに設定しています．レベル 1 (個体レベル) とレベル 2 (集団レベル) といった異なるレベルの変数がモデル内に投入されている点に注意が必要です．異なるレベルの変数の影響を正しく推定するためには，第 6 章でみたように CWC をレベル 1 の説明変数に施すことが必要です．目的と合致した変数中心化をしたモデルはモデル (8) と (9) です．

表 8.3 では比較のために，レベル 1 の説明変数を中心化しなかったモデル (モデル (5), (6))，CGM を施したモデル (モデル (7)) も推定しました．モデル (5)〜(7) まで，com_achv1 の係数 γ_{10} は同じ推定値になっていることが分かります．同じように，proj_score2 の係数 γ_{01} も同じ推定値になっています．これは第 6 章で議論したように，CGM は係数の推定値を変化させないことを反映したものです．モデル (5)〜(7) で，切片 γ_{00} の推定値だけが異なっている点も，第 6 章で議論したとおりです．

モデル (8), (9) は，レベル 1 変数の com_achv1 に CWC を行っており，CGM を行ったモデル (5)〜(7) とは係数 γ_{10} の推定値が異なっています．モデル (8), (9) は切片 γ_{00} のみ異なりますが，他の係数の推定値は同じです．第 6 章でみたとおり，レベル 2 の説明変数 proj_score2 に対して CGM を行った場合，変数の係数には変化がなく切片のみ変化しています．

本研究の目的は個体レベルと集団レベルの影響力の比較なので，CWC を行ったモデル (9) が理論的に妥当です．ここでは研究目的に反して CGM をした場合 (モデル (5)〜(7)) と，理論的に妥当な場合 (モデル (9)) を比較しながら推定結果を確認します．

モデル (7) とモデル (9) を比較すると，プロジェクト達成度は CGM をした場合 (モデル (7)) は $\gamma_{10} = 0.479$ に対して，CWC をした場合 (モデル (9)) は $\gamma_{10} = 0.488$ となっています．$0.488 - 0.479 = 0.009$ だけ，個体レベルの影響力が過小推定されていたことになります．集団レベルの変数のプロジェクト成

表 8.4 クロスレベル交互作用

	説明変数	
	企業の実用化進捗度 prac_use1	
	cwc	cwcx
	(10)	(11)
γ_{00}	58.749***	58.757***
	(1.474)	(1.473)
γ_{10}	0.488***	0.485***
	(0.054)	(0.055)
γ_{01}	0.912***	0.569***
	(2.241)	(2.325)
γ_{11}		−0.052
		(0.086)
N_{prodID}	57	57
σ^2	285.06	284.72
τ_{00}	80.58	80.29
τ_{11}	0.03	0.03
$\tau_{01} = \tau_{10}$	0.99	0.9
R^2	0.33	0.33
AIC	4988	4989
Obscrvations	577	577

注：$^*p < 0.1$, $^{**}p < 0.05$, $^{***}p < 0.01$

果の係数 γ_{01} は，0.861 から 0.912 に増加しています．集団レベルの影響力も，$0.912 - 0.861 = 0.051$ だけ過小推定されていたことになります．モデル (7) とモデル (9) の係数の推定値の違いは，説明変数の中心化方法によるものだということになります．

中心化しなかったモデル (5) と CWC を施したモデル (8) も比較しておきます．経営学研究では，異なるレベルの変数を何の処置もなく混在させることがあります．しかし，このようなやり方は，研究目的が個体レベルと集団レベルの影響力の大きさを比較する場合，理論的に妥当ではありません．今回の場合も，係数の推定値に違いが生じています．モデル (5) では $\gamma_{10} = 0.479$，$\gamma_{01} = 0.861$ ですが，モデル (8) は $\gamma_{10} = 0.488$，$\gamma_{01} = 0.912$ です．どちらの推定値も，モデル (8) と比べて，モデル (5) の係数が過小に推定されていたことが分かります．

これらの比較を通じて，個体レベルの説明変数の CWC によって，異なるレベ

8.4 使用したモデル   *163*

モデル式 3

モデル (10)   (モデル (9) と同一)
レベル 1 :
$$prac\_use1_{ij} = \beta_{0j} + \beta_{1j}(com\_achv1_{ij} - \overline{com\_achv1._{j}}) + r_{ij}$$
レベル 2 :
$$\beta_{0j} = \gamma_{00} + \gamma_{01}(proj\_score2_{j} - \overline{proj\_score2.}) + u_{0j}$$
$$\beta_{1j} = \gamma_{10} + u_{0j}$$

モデル (11)
レベル 1 :
$$prac\_use1_{ij} = \beta_{0j} + \beta_{1j}(com\_achv1_{ij} - \overline{com\_achv1._{j}}) + r_{ij}$$
レベル 2 :
$$\beta_{0j} = \gamma_{00} + \gamma_{01}(proj\_score2_{j} - \overline{proj\_score2.}) + u_{0j}$$
$$\beta_{1j} = \gamma_{10} + \gamma_{11}(proj\_score2_{j} - \overline{proj\_score2.}) + u_{1j}$$

$$r_{ij} \sim N(0, \sigma^2)$$
$$u_{0j}, u_{1j} \sim MVN(0, T), \quad T = \begin{bmatrix} \tau_{00} & \tau_{01} \\ \tau_{00} & \tau_{11} \end{bmatrix}$$

ルの変数の係数が補正されていたことが分かりました．ただし，このような補正を経ても，モデル (9) ではレベル 1 の変数 achv_proj1 の係数 γ_{10} は統計的有意に正符号でしたが，レベル 2 の変数 proj_score2 の係数 γ_{01} は正符号であるものの統計的有意ではありませんでした [*5)]．

最後に，表 8.4 で集団レベルと個体レベルの交互作用 (クロスレベル交互作用) を推定します．表 8.4 のモデル (10)「cwc」は表 8.3 のモデル (9) と同じモデルです．モデル (11)「cwcx」はクロスレベル交互作用モデルです．交互作用項は，レベル 1 の変数 com_achv1 とレベル 2 の変数 proj_score2 で構成されています．モデル (11) はモデル (10) に交互作用項を追加したモデルとなっています．

まず，AIC に基づいて適合度を比較すると，モデル (10) に対してモデル (11) の適合度が悪化しています．このデータセットに対してクロスレベル交互作用モデルが適合しているとはいえません．

次に，交互作用項の係数 γ_{11} を確認すると，−0.052 で統計的に有意でありませんでした．この交互作用項の係数は，レベル 1 変数 com_achv1 の傾きに対する，レベル 2 変数 proj_score2 の水準変化 (値の変化) の影響，という解釈ができます．

[*5)] 統計的有意ではないので，集団レベルの変数 proj_score2 の影響について，今回の推定結果はサンプリングによる誤差である可能性を統計的には捨てきれません．本研究は予備的段階であり，適当な制御変数をモデルに追加することやモデル自体を見直すなどの検討が必要です．

つまり，所属するプロジェクトのプロジェクト成果 proj_score2 が高かった場合，
メンバー企業の企業目標達成度 com_achv1 が実用化進捗度 achv_comm1 に対して与える影響は減じられる (交互作用項の係数 −0.052 は負符号である)，ということを示しています．しかし，その影響は統計的に有意ではありません．

モデル (11) の適合度が劣ることや，交互作用項の係数 $\gamma 11$ が統計的有意ではないことを考慮すると，プロジェクト成果と企業目標達成度の間に交互作用が生じているという主張は統計的に支持されているとはいえませんでした．

8.5 結 果 と 解 釈

本研究では，企業ごとの変数であるプロジェクト達成度とプロジェクトごとの変数であるプロジェクト成果が，企業の実用化進捗度にどの程度影響を与えているのかをマルチレベルモデルを使って推定しました．

分析では，まず表 8.2 で複数のモデルを比較して，マルチレベルモデルの有用性を確認しました．マルチレベルモデルは，階層的データに対して，集団の異質性に対処しながらも，データ数に対して合理的な程の複雑さのモデル (= シンプルなモデル) を提供していることが分かりました．経営学で頻繁に用いるダミー変数のモデルは，不合理なほど複雑であることが示されました．

次に，表 8.3 で CWC を用いて，レベル 1 変数の企業目標達成度と，レベル 2 変数のプロジェクト成果が，それぞれ実用化進捗度にどの程度の影響を与えているかを推定しました．推定の結果，企業目標達成度は実用化進捗度に対して統計的有意にプラスの影響を与えていることが分かりました．一方，プロジェクト成果もプラスの効果を与えていると推定されるものの，その効果は統計的有意ではありませんでした (モデル (9))．NEDO では広範な技術分野を扱っており，プロジェクト間のテーマ (すなわち技術課題の難度) も大きく異なっています．またプロジェクトマネジメントも，プロジェクトの規模，研究開発プロジェクトのリーダー企業やメンバー企業数などで異なると考えられます．これらの要因を統制変数としてモデルに取り込むなどして，より詳細なモデルで推定を行う必要があると思われます．

別の理由として，プロジェクト成果の効果がそもそも小さすぎるという見解もあり得ます．プロジェクト成果が企業の実用化進捗度に小さな影響しか与えていない点は政策意図とは異なる結果であるので，より慎重な評価が必要です．影響

8.5 結 果 と 解 釈

の大きさを投資額などと対応させることによって，投資効率性の面からも評価する必要があります．

　なお今回の推定において，別の観点からの追加分析が必要かもしれません．すなわち，今回の分析は目的変数である実用化進捗度と説明変数である企業目標達成度が，ともに主観的な評価でなされている点です[6]．行動を基準にしたようなより客観的な評価尺度で分析する必要があるかもしれません．

　最後に，表8.4でプロジェクト成果が企業目標達成度の係数に与える影響について，クロスレベル交互作用分析を試みました．しかしながら，交互作用モデル自体の適合度が悪く，妥当とはいえませんでした．実用化進捗度に対する企業目標達成度の係数は，企業の組織能力であると解釈することができます．企業の組織能力の向上を，プロジェクト成果で説明できなかった点についても，政策意図とは異なる結果です．今後の慎重な評価と追加的分析が必要です．

　なお留意点として，冒頭で述べたように本研究の推定結果は予備的なものであり，適切な統制変数などを組み込んでいません．推定結果は興味深いものでしたが，本研究の推定結果をそのまま一般化するのは危険です．今後，より詳細な検討が必要です．

　本研究では，マルチレベルモデルによって個体レベル変数と集団レベル変数の影響力を適切に推定できることが確認できました．このようなマルチレベルモデルの使用法は，経営学研究で多くの使用場面があるはずです．読者の今後の研究の一助になれば幸いです．

---

[6]　目的変数と説明変数がともに主観的に評価されている場合，コモンメソッドバイアスの懸念があります．一方で，専門知識を持った評価主体による主観的評価は，総合的な見地からの信頼に値する評価かもしれないので，一概に否定することはできません．

9

組織文化のマルチレベル分析

9.1 研 究 の 背 景

　Robbins (2005) では，「組織文化」の一般的な定義はその構成員が共有する意味のシステムで，これによってその組織が他の組織から区別されると述べられています．言い換えると，組織文化は組織の構成員によって共有されていなければならず，かつ，その共有された組織文化そのものによって他の組織と区別されるようなものでなければならないということです．

　この目にみえない組織文化の特性と類型を測定するために多様な測定尺度が開発されてきました．代表的な尺度の例として，Cameron & Quinn (2006) によって演繹的に導出された競合価値観フレームワーク (competing values framework, CVF) をあげることができます．Cameron & Quinn によると，組織文化は最終的に4つのグループに分類されます．その4類型は，家族文化 (クラン文化)，イノベーション文化 (アドホクラシー文化)，マーケット文化，官僚文化 (ヒエラルキー文化) となっています．このように類型化された組織文化の内容と組織やその構成員の成果との関係を定量的に分析した多くの研究が行われてきました．

　これに関する先行研究のほとんどは，組織を対象にした集団レベルの研究と人を対象にした個人レベルの研究のいずれかに分かれます．しかしながら，集団レベルの研究を行うだけでは，個人への影響が分析されないまま残されます．一方，個人レベルの研究では個人が知覚した組織文化と個人の態度や行動の関係を分析します．しかし，それだけでは集団レベルで共有された組織文化の個人への影響や組織文化の組織間差を分析したことには当然なりません．北居 (2014) ではこれに加えて，組織文化の測定方法に関する問題も指摘されています．

　北居が指摘する組織文化の測定に関する問題とは以下のようなものです．集団

レベルの変数を対象とした多くの研究では，組織文化が一組織一回答の質問紙調査のデータに基づいています．同じ会社でも職務，部署，年齢などの属性によって知覚される組織文化が異なることが過去の研究で明らかにされていますから，社長であれ，末端の社員であれ1回答が示す組織文化のデータが，当該組織の文化を適切に表しているとは必ずしもいえないでしょう．そもそも共有された組織文化がないということすら考えられます．先行研究ではこうした点を考慮せず，回答で示された組織文化が組織で共有された特性なのか否かを検証していません．つまり，先行研究で測定し利用されている組織文化が本当に「共有された組織文化」といえるのかどうかが分からないということです．

それでは，これらの課題をどうすれば解決できるのでしょう．この点についても北居は具体的に示しています．まず，研究対象となる各組織で複数の回答者から組織文化データを収集することが必要となります．次いで，それらのデータについて，冒頭の組織文化の定義で触れたように，組織内で共有され，かつ他の組織と区別されることを確認しなければなりません．このようにして確認されたデータを使ったマルチレベルモデルによって，共有された組織文化から個人レベルへの影響を分析します．こうした調査・分析手法をとることで，「共有された組織文化が，個々のメンバーの態度や行動に影響している」か否かを判断することができると考えられます．

従業員の態度を示す代表的な変数である職務満足について，先行研究では組織文化の測定尺度にかかわらず，組織内での柔軟な対応を重視する組織文化は従業員のやる気を高める，と考えられています．しかし，それらの先行研究はマルチレベルモデルによって適切に分析されていません．そこで本研究では，多国籍企業のデータを使って「組織内での柔軟な対応を重視する組織文化は，従業員の職務満足に正の影響を与える」という仮説をマルチレベルモデルによって検証することにします．

9.2 扱うデータについて

ここでは，日本に本社をおく非製造業の多国籍企業の社員を対象とした調査データを使用します．この会社の本社海外事業本部と海外事業子会社群 (84 社) の計85 組織 (以下では，本社海外事業本部も含めて「海外子会社」とします) の全社員 6242 人を対象にウェブ調査を行いました．回答者数は 3771 人で，回収率は

表 9.1 組織文化診断ツールのうちクラン文化に関する 6 項目

表している 組織文化	質問項目	組織文化の 側面
クラン文化	私の職場は非常に人間的なつながりを大切にし，家族の延長のような存在である．この組織では皆，同じ価値観・考えを共有している．	顕著に見られる特徴
	私の職場のリーダーシップとは部下を育て，人々を助けることと考えられている．	リーダーシップスタイル
	私の職場の従業員管理の方法は，チームワーク，コンセンサス，組織への参加によって特徴づけられる．	従業員管理
	私の職場は忠誠心と相互信頼によって団結している．この組織への献身的な態度は高い．	組織を団結させるもの
	私の職場は人材開発に重きを置いている．高い信頼，オープンなコミュニケーション，そして組織活動への参加が重要と見なされる．	戦略的に重視するもの
	私の職場では人材開発，チームワーク，従業員の組織への献身が，組織の成功と考えられている．	成功の基準

キャメロン・クイン (2009) をもとに作成.

60.4% でした.

　この調査は海外事業本部が行った「働き方意識調査」です．その中で，組織文化と従業員の職務満足を測定しています．組織文化の測定には前節で触れた CVF を利用しました．CVF に基づく組織文化診断ツール (organizational culture assessment instrument, OCAI) 24 項目に回答することで，所属する組織に対して回答者が知覚する組織文化の傾向を簡単に知ることができます．24 項目のうち分析対象とするクラン文化に関する 6 項目を表 9.1 に示しています．各質問項目は「強くそう思う」から「全くそう思わない」の 6 件法のリッカート尺度でした．分析に用いたデータの形式を表 9.2 に示します．組織文化に関する設問は個人レベルの変数なのでしょうか，それとも集団レベルの変数なのでしょうか．組織文化について回答したのだから組織レベルの変数のようにも思えますが，個人が知覚している組織の状況を回答し，各個人で回答が異なるわけですから個人レベルの変数と考えます．

　OCAI の 24 項目は 6 項目ずつが 4 つの類型に相当しており，各 6 項目の平均を回答者のクラン文化，アドホクラシー文化，マーケット文化，ヒエラルキー文化それぞれの得点と考えます．たとえばクラン文化の得点が高いということは，非常にフレンドリーな雰囲気の組織であったり，そのリーダーがメンターや親のような存在とみなされている組織であったりすることを意味します.

9.3 マルチレベルモデルを使用する意義 169

表 9.2 分析に用いたデータの形式

従業員 (個人レベル)	海外子会社 (集団レベル)	クラン文化を測定する 6 問 (個人レベル)					職務満足を 測定する 2 問 (個人レベル)	
		問 1	問 2	⋯	問 5	問 6	問 1	問 2
1	1	4	4	⋯	3	5	6	6
2	1	6	5	⋯	4	4	5	4
3	1	3	4	⋯	5	2	4	4
⋮	⋮	⋮	⋮		⋮	⋮	⋮	⋮
2000	44	1	2	⋯	2	2	1	2
2001	45	3	5	⋯	4	6	3	3
2002	45	4	4	⋯	1	3	2	5
⋮	⋮	⋮	⋮		⋮	⋮	⋮	⋮
3769	85	5	3	⋯	4	5	5	4
3770	85	6	6	⋯	5	6	6	6
3771	85	2	1	⋯	3	3	2	2

職務満足の測定には，北居 (2014) が提示した内発的職務満足に関する項目である「私の職場での仕事は楽しい」，「私は，仕事を通じて成長していると実感できる」の 2 問を使って測定します．2 問への回答の平均が各従業員の職務満足の得点になります．

9.3 マルチレベルモデルを使用する意義

ここで改めて，この分析になぜマルチレベルモデルが有効なのかを考えてみます．調査に回答した 3771 人の従業員はたしかに 1 つの多国籍企業グループの一員ですが，彼らが直接帰属しているのは各海外子会社です．したがって，このデータは 1.1 節の例 2 にある企業データと同じく海外子会社 (レベル 2) –従業員 (レベル 1) という複数のレベルを持っています．「海外子会社 1 の中の従業員 A，従業員 B」，「海外子会社 2 の中の従業員 C，従業員 D」というように階層性を持ったデータになっており，マルチレベルモデルを用いることでこのデータを適切に分析することができます．

北居 (2014) が指摘するように共有されている組織文化をレベル 2 の変数と考えるとき，検証する「組織内での柔軟な対応を重要視する組織文化は，従業員の

職務満足に正の影響を与える」という仮説は，レベル1の変数とレベル2の変数の関係を調べることになります．

9.4 使用したモデルと説明変数の中心化

データに即して変数のレベルを考えてみましょう．仮説にある「組織内での柔軟な対応を重視する組織文化」はCVFにおいてはクラン文化に相当します．この調査で各海外子会社の従業員が回答した組織文化の設問OCAIのうちクラン文化について6問の合計を計算することで，各従業員が所属する子会社について知覚するクラン文化の得点を求めることができます．しかし，これは従業員ごとに異なる値を持つのでレベル1の変数です．そこで，従業員個人の得点を海外子会社ごとに集計して平均した集団平均を，各海外子会社における共有された組織文化の得点，すなわちレベル2としての組織文化の変数と考えます．

レベル1の従業員の職務満足と従業員によって知覚された組織文化，レベル2の共有された組織文化と3つの変数の関係を図9.1で示しています．仮説に相当するのはAの矢印です．モデルにBの矢印で表される従業員が知覚する組織文化を説明変数に加えることで，レベル1の従業員が知覚する組織文化の影響を排除したときの共有された組織文化の影響を分析することができます．

具体的なモデルを考えていきましょう．目的変数である職務満足の級内相関係数を求めます．そのための分析モデルはランダム効果の分散分析モデル (ANOVA) です．これをモデル1とします．

レベル1は従業員 (個人) レベル，レベル2は海外子会社 (集団) レベルです．

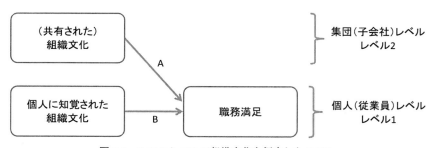

図 9.1 2つのレベルで組織文化を仮定したモデル

モデル1

レベル1：

$$y_{ij} = \beta_{0j} + r_{ij}$$

レベル2：

$$\beta_{0j} = \gamma_{00} + u_{0j}$$

このとき，y_{ij} は子会社 j に属する従業員 i の目的変数 (職務満足) の得点であり，β_{0j} は子会社 j の切片になります．r_{ij} は y_{ij} に関するレベル1における誤差となります．γ_{00} は全体平均であり，u_{0j} はレベル2における誤差です．

モデル1をもとに，図9.1のAとBに示された共有された組織文化と個人の知覚する組織文化の双方が職務満足度に影響を与えるモデルへ発展させます．ここでは，この影響はランダムであると考え，ランダム傾きモデルを採用します．その理由は，傾きが海外子会社間で等しいと仮定するのは現実的ではないからです．各海外子会社はその規模，所在地，業務，そこに勤務する従業員がそれぞれ異なります．職務満足に対する組織文化の影響の度合いも海外子会社ごとに異なると考える方が自然です．これをモデル2とします．

モデル2

レベル1：

$$y_{ij} = \beta_{0j} + \beta_{1j}(x_{ij} - \bar{x}) + r_{ij}$$

レベル2：

$$\beta_{0j} = \gamma_{00} + \gamma_{01}(\bar{x}_{\cdot j} - \bar{x}) + u_{0j}$$

$$\beta_{1j} = \gamma_{10} + u_{1j}$$

β_{1j} はクラン文化の子会社 j における傾きで，x_{ij} は子会社 j に属する従業員 i の知覚するクラン文化の得点を表しています．$\bar{x}$ はクラン文化の全体平均で，$\bar{x}_{\cdot j}$ は子会社 j におけるクラン文化の集団平均です．

このモデルでは，各レベルで説明変数の中心化を行っています．6.5節で説明されているようにレベル1における説明変数の中心化は，分析の目的によって使い分けが必要です．ここではレベル2の説明変数である子会社ごとのクラン文化の職務満足への影響を調べようとしているので，レベル1の説明変数 (個人の知覚によるクラン文化) には全体平均中心化 (CGM) を行います．これによって，個人の知覚としてのクラン文化の影響を排除してなお，どれだけ集団平均で定義さ

172   9. 組織文化のマルチレベル分析

れた組織文化で説明される部分が残っているかを知ることができます．一方，レベル 2 の説明変数である共有されたクラン文化は，$(\bar{x}_{.j} - \bar{x})$ とあるように全体平均で中心化され，全海外子会社における海外子会社 j の偏差を表しています．

9.5 結 果 と 解 釈

　実際に R を使って，表現されたモデルによってデータを分析してみます．モデル 1 を分析した理由は，目的変数である職務満足の級内相関係数を求めるためでした．級内相関係数の値により，マルチレベルモデル分析の必要性の有無を判断します．職務満足の級内相関係数は 0.10 で，第 3 章で触れられている Hox (2010) の基準 (小 = 0.05，中 = 0.10，大 = 0.15) に照らすと，海外子会社間での職務満足の違いは中程度です．したがって，これはマルチレベルで分析すべきデータといえます．説明変数であるクラン文化の級内相関係数を調べると 0.15 で Hox の基準に照らして海外子会社間のクラン文化の違いは大きいといえます．これは，クラン文化に関しても各海外子会社内で従業員の得点に類似性があり，海外子会社ごとに異なる傾向があることを意味します．観測値の組織文化の得点は「組織内で共有され，かつ他の組織と区別される」という組織文化の定義を満たしいていると考えることができるようです．

　モデル 2 において，クラン文化はその集団平均をレベル 2 の変数として利用しているので，集団平均の信頼性を確認しておきましょう．クラン文化の級内相関係数を求める際に $\sigma^2 = 0.93$，$\tau_{00} = 0.16$ も求めることができます．集団平均の信頼性を求めるために必要な集団サイズは子会社ごとに異なるので，ここでは平均的な集団サイズ 44.36 を (2.18) 式に代入します．すると，集団平均の信頼性は 0.88 となります．クラン文化の集団平均の信頼性は高く，これをレベル 2 の説明変数としてもよいことが確認できました．

　R の lmer 関数を使って分析したモデル 2 の出力結果の抜粋は以下のようになります．抜粋結果の f1.mc はレベル 1 のクラン文化，f2.mc はレベル 2 のクラン文化の影響をそれぞれ表しています．

　推定値をまとめたものを表 9.3 に示します．個人の知覚するクラン文化の影響を統制したとき，各子会社のクラン文化の職務満足に対する影響は $\gamma_{01} = 0.066$ であり，有意ではありませんでした．このことによって，「共有された組織文化としてのクラン文化は職務満足に正の影響を与える」という仮説は否定されるので

【Rの結果抜粋】

```
Random effects:
 Groups    Name         Variance Std.Dev.  Corr
 Company  (Intercept)  0.016863  0.12986
           f1.mc        0.003674  0.06061 -0.88
 Residual               0.522957  0.72316
Number of obs: 3771, groups:  Company, 85

Fixed effects:
             Estimate Std. Error       df t value Pr(>|t|)
(Intercept)  4.69939    0.02062 63.30000 227.872   <2e-16 ***
f1.mc        0.63425    0.01483 50.37000  42.766   <2e-16 ***
f2.mc        0.06602    0.04409 99.06000   1.498    0.137
---
Signif. codes:  0  '***'  0.001  '**'  0.01  '*'  0.05  '.'  0.1  ' '  1
```

表 9.3　モデル 2 の推定値

母数	推定値	SE	95%CI	
$\hat{\gamma}_{00}$	4.696	0.020	[4.657,	4.735]
$\hat{\gamma}_{10}$	0.634	0.015	[0.605,	0.663]
$\hat{\gamma}_{01}$	0.066	0.044	[−0.002,	0.152]
$\hat{\gamma}_{00}$	0.017			
$\hat{\tau}_{01}$	−0.007			
$\hat{\tau}_{11}$	0.004			
$\hat{\sigma}^2$	0.523			

しょうか.

　本節の冒頭で級内相関係数を使って検定したように，たしかにクラン文化は海外子会社ごとに異なる傾向がありました．しかしながら，その集団平均をレベル2の変数として投入しても有意な影響はありませんでした．この結果から「共有された組織文化」であるクラン文化が職務満足に対して有効ではないと推測することもできますが，集団平均が「共有された組織文化」を表現していないことを意味している可能性も考えられます．つまり，「海外子会社ごとの集団平均が共有した組織文化を表す」という仮定そのものが誤っているのではないかということです．どのような変数を「共有された」組織文化と定義するかは検討する余地がありそうです.

文　　献

1) Cameron, K. S. & Quinn, R. E. (2006). *Diagnosing and Changing Organizational Culture: Based on the Competing Values Framework.* John Wiley & Sons. [中島豊 監訳 (2009). 組織文化を変える. ファーストプレス.]

2) Hox, J. (2010). *Multilevel Analysis: Techniques and Applications* (2nd ed.). Routledge Academic.

3) 北居明 (2014). 学習を促す組織文化—マルチレベル・アプローチによる実証分析. 有斐閣.

4) Robbins, S. P. (2005). *Essentials of Organizational Behavior* (8th, international ed.) Pearson Education. [高木晴夫 訳 (2009). 組織行動のマネジメント—入門から実践へ. ダイヤモンド社.]

10

シングルケースデザインデータのための
マルチレベル分析

10.1　シングルケースデザインとは *1)

　シングルケースデザイン (single-case research design) は，一事例実験計画，一事例実験，シングルケース研究法，個体内条件比較法など色々な名称で呼ばれます．シングルケースデザインとは，その名のとおり，たった 1 人の研究参加者を用いた実験計画のことです．シングルケースデザインには，AB デザイン，ABA デザイン，ABAB デザイン，操作交代デザイン，マルチベースラインデザインなど，様々なデザインが提案されています．これらのデザインの詳細については，Kennedy (2005) や Richards et al. (2014) などを参照してください．提案されている様々なデザインの中で最も基本的なデザインが AB デザインです．図 10.1 は AB デザインのグラフです．

　シングルケースデザインでは，(処遇期で) 何らかの処遇が施され，それによって目的変数の値が変化することが想定されています．つまり，処遇の効果を検討することが目的となります．図 10.1 で，Phase A と書かれているところがベースライン期 (ベースラインフェイズ)，Phase B は処遇期 (処遇フェイズ) をそれぞれ意味しています (図に書かれている数式については後ほど説明します)．AB デザインとは，A= ベースライン期，B= 処遇期として，1 つのベースライン期と 1 つの処遇期からなるデザインを意味します．

　図 10.1 では，横軸に「Time」，縦軸に「Outcome」と書かれています．グラフの横軸は測定時点を意味しています．『実践編』第 1 章では，マルチレベルモデルを利用した縦断データの基本的な分析方法について解説されています．そこでは，

---

*1)　この章の 10.1 節，10.2 節は，山田 (印刷中) を参考にしています．

個人をレベル 1, 時点をレベル 2 とする「個人–時点」のデータとして, 縦断データを解釈します. シングルケースデザインで収集されるデータも同様です [*2]. グラフの縦軸は目的変数の値を意味します.

ベースライン期では, 処遇が導入されず, 目的変数の測定のみが行われます. 1 人の研究参加者について, 目的変数を繰り返し測定します. ベースライン期において一定の回数の目的変数の測定が行われた後, 処遇期へと移行します. 図 10.1 では, Time= 0〜Time= 7 までの 8 時点でベースライン期の測定がされています. 処遇期では, 処遇の導入が開始されます. そして研究参加者に対して処遇が施された上で, 目的変数の測定が行われます. 処遇期においても目的変数の測定は繰り返されます.

たとえば, 問題行動[*3]の自発頻度を減少させるために, 新しい処遇が開発され, この処遇の効果を確認するため, 1 人の自閉症児を研究参加者とする AB デザインを用いた実験が行われたとしましょう. まずベースライン期では処遇は導入されず, 目的変数 (問題行動の自発頻度) の測定のみが行われ, 複数回, 目的変数が測定されます. ベースライン期において複数の測定をする必要があるのは, 何もしなければ (処遇が導入されなければ), 目的変数 (問題行動の自発頻度) の値は大きくは変化しないことを確認しておくためです. たとえば, ベースライン期で時間経過とともに問題行動が減少していくとしたら, その後の処遇の開始を待

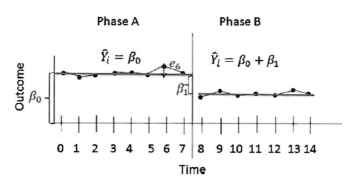

図 10.1 AB デザインのグラフ (Baek et al. (2014) より引用)

[*2] 以降, 本章ではシングルケースデザインで収集されたデータのことを「シングルケースデザインデータ」と呼ぶことにします.

[*3] 問題行動は, 英語では problematic behavior といいます. 近年では, challenging behavior という用語を用いることが増えているようです.

つまでもなく,「研究参加者の発達的変化とともに,次第に問題行動の出現頻度は減っていく」といった解釈ができてしまうかもしれません.目的変数の値の変化が処遇の実施によって生じるということを強く主張するためには,ベースライン期において目的変数の値が安定していることを示すことが重要になるのです[*4].目的変数が複数回測定された後,今度は開発された処遇が導入され,処遇期でも同様に目的変数の測定が行われます.さて,ベースライン期では,行動の自発頻度は高いレベルで安定していたのに対し,処遇の導入により,行動の自発頻度の減少がみられたとします (図 10.1).この場合,説明変数の操作 (自閉症児に対する,新しく開発された処遇の導入) によって,目的変数の値に変化が生じた (問題行動の自発頻度が減少した) と判断されます.このように,シングルケースデザインでは,ベースライン期と処遇期のデータの比較により説明変数の効果が検討されます.

なお,シングルケースデザインに対してグループデザインは,多数の研究参加者を用いて行われる実験計画です.グループデザインでは,多数の研究参加者をランダムに実験群か統制群かに割り当てます.実験群には何らかの処遇を施し,統制群には何もしません (あるいは,実験群に新しい処遇を導入するのであれば,統制群には従来の処遇を行うこともあります).そして,それぞれの群ごとに目的変数についての測定を行います.目的変数の値に群間差がみられたら,それは処遇効果によるものであると判断できます.シングルケースデザインのベースライン期がグループデザインにおける統制群に相当し,シングルケースデザインの処遇期がグループデザインにおける実験群に相当します.

10.2 シングルケースデザインデータの分析方法

10.2.1 シングルケースデザインデータの特徴

シングルケースデザインでは,1 人の研究参加者・ケースについて,ベースライン期,あるいは処遇期それぞれの条件のもとで,目的変数が繰り返し測定されます.この 1 つのケースについての反復測定が,シングルケースデザインデータ

[*4] しかし,常に安定したベースラインを得ることができるとは限りません.図 10.4 ではベースライン期に目的変数の値が減少するというトレンドがみられます.このような場合には,ベースライン期のデータの変化をうまく捉えられるようなモデリングが必要になります.10.3.2 項でそのことについて説明します.

の特徴です．同一の研究参加者について反復測定を行った場合，データは互いに独立ではなく，相関を持ちます．このようなデータを「系列依存性のあるデータ」と呼びます．シングルケースデザインデータにおける系列依存性は，データに統計的検定を適用する際に注意すべき問題となります．

10.2.2　シングルケースデザインデータへの統計的方法の適用

シングルケースデザインデータの評価には，視覚的判断 (visual inspection) が伝統的に用いられてきました．視覚的判断とは，シングルケースデザインデータをグラフに表示して，グラフを目でみて (視認して)，処遇や処遇の効果を評価するというものです．しかし，視覚的判断の信頼性や妥当性に対する批判もあり (たとえば DeProspero & Cohen (1979) など)，視覚的判断に代わるもの，あるいは視覚的判断を補うものとして，統計的方法の適用が提案されるようになりました．

t 検定や分散分析といった心理学研究でよく利用される一般的な統計的検定は，データの正規性やデータ相互の独立性を前提条件としています．しかし，系列依存性を持つシングルケースデータはこうした前提条件を満たしません．そのため，シングルケースデザインデータに対して検定を適用する場合は，前項で触れたデータの系列依存性を考慮した方法を選ぶ必要があります．シングルケースデザインデータの分析方法として，様々な統計的検定が提案されています．その中で，ランダマイゼーション検定や中断時系列分析が系列依存性を考慮した方法として推奨されています (Kazdin, 2011)．ランダマイゼーション検定については，シングルケースの様々なデザインに対する分析方法が提案されています (たとえば，山田 (1998) などを参照してください)．シングルケースデザインデータのためのランダマイゼーション検定についての近年の動向は，Heyvaert & Onghena (2014) にまとめられています．

シングルケースデザインデータのための統計的方法は，統計的検定に限りません．検定以外の方法で処遇効果を評価するための方法が提案されています．シングルケースデザインのための効果量はその一つといえるでしょう．様々な効果量が提案されていますが，最も知られているのが PND (percentage of non-overlapping data) です．PND は Scruggs et al. (1987) により開発された指標で，ベースライン期と処遇期のデータの重なり (non-overlap) に着目した効果量です．処遇の導入により目的変数の値が減少することを想定する場合，ベースライン期における目的変数の最小値が基準となります．処遇期のデータについて基準を下回る

データポイント数を数え，その割合を求めたものが *PND* です．*PND* には様々な批判もありますが，シングルケースデザインのための効果量として最も利用されています．*PND* 以外にもデータの重なりに着目した効果量 (non-overlapping effect size indices) がたくさん提案されています．代表的なものとして，Parker et al. (2007) による *PAND* (percentage of all non-overlapping data)，Parker & Vannest (2009) による *NAP* (non-overlap of all pairs)，Parker と Vanest，そして Davis と Sauber の 4 人によって提案された *Tau-U* (Parker et al, 2011) などがあります．また，Parker，Vanest，Davis による Parker et al. (2011) ではこれらを含む 9 つの効果量について比較検討を行っています．

10.2.3 シングルケース研究のメタ分析

近年，シングルケース研究のメタ分析に注目が集まっています．メタ分析とは，同一の研究テーマについて実施された複数の研究結果を統計的に統合するためのレビューの方法です．メタ分析を行うためには，各研究から効果量を計算し，効果量について統合を行います．シングルケース研究のメタ分析については，様々な効果量が提案されており，また，効果量を統合する手続きも研究者によって様々です．このように，シングルケース研究のメタ分析については，まだ標準的な方法は確立されていないのが現状といえるでしょう．そうした中，シングルケース研究のメタ分析の方法として，マルチレベルモデルの適用が注目されています．シングルケースデザインデータの統計解析における世界的な研究者である Van den Noortgate，Beretvas，Ferron は研究チームを組織し，「シングルケースデータのマルチレベルモデルによる統合 (Multilevel synthesis of single-subject experimental data: Further developments and empirical validation)」という研究プロジェクトを遂行しています [*5)]．

10.3 シングルケースデザインデータへのマルチレベルモデルの適用

10.3.1 シングルケースデザインデータの階層構造

図 10.2 は，シングルケースデザインデータの概念図です．測定時期 (Measure-

[*5)] この研究プロジェクトは，米国の The Institute of Education Sciences によるサポートを受けています (IES Grant number R305D110024). プロジェクトの研究成果は，ウェブサイト http://www.single-case.com で公開されています.

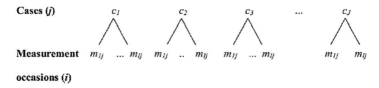

図 10.2 シングルケースデザインデータの階層構造 (2 レベル)

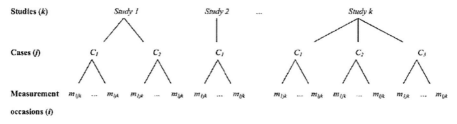

図 10.3 シングルケース研究のメタ分析の階層構造 (3 レベル)

ment occasions (i)) が研究参加者 (Cases (j)) にネストされています．つまり，測定時期 m_{ij} がレベル 1, 研究参加者 c_j がレベル 2 ということになります．本章の冒頭で，「シングルケースデザインとは，たった 1 人の研究参加者を用いた実験計画のことです」と述べました．しかし，図 10.2 では Cases (j) が複数あって，「1 人じゃないのでは？」と思われた読者も多いと思います．図 10.2 で想定しているのは，研究参加者間マルチベースラインデザインのように，1 つの研究の中で少人数の研究参加者が実験に参加するデザインです．研究参加者間マルチベースラインデザインは，実際の研究でよく利用されるデザインです．

図 10.3 は，研究参加者 c_j の上位の階層として研究 Study_k を設定したものです．シングルケース研究のメタ分析では，このようなデータの階層構造を考えることができます．測定時期 m_{ijk} が研究参加者 c_j にネストされ，さらに，研究参加者 c_j が研究 Study_k にネストされます．測定時期 m_{ijk} がレベル 1, 研究参加者 c_j がレベル 2, そして研究 Study_k がレベル 3 ということになります．シングルケース研究のメタ分析では，3 レベルの階層構造を仮定してマルチレベル分析を行います．本章では，2 レベルまでのモデルに限定して説明を行うため，3 レベルモデルを用いたシングルケース研究のメタ分析の方法については詳細を言及しません．マルチレベルモデルを用いたシングルケース研究のメタ分析については，Van den Noortgate & Onghena (2008), Baek et al. (2014), Moeyaert

10.3 シングルケースデザインデータへのマルチレベルモデルの適用 181

et al. (2014), Pustejovsky & Ferron (2017) などを参照してください.

10.3.2 シングルケースデザインデータのマルチレベル分析の基礎

本項では,Baek et al. (2014) を参考に,シングルケースデザインデータにマルチレベルモデルを適用する際の基礎的な解説を行います.もう一度,図 10.1 をみてみましょう.AB デザインのデータです.処遇期になると目的変数の値が減少しています.ベースライン期と処遇期の目的変数の値は大きな変動がなく安定していて,いずれの期においても目的変数の値の上昇・下降といった傾き (trend や slope などと呼ばれます) はみられません.この様子を一般的な回帰モデルで表してみると (10.1) 式のようになります.

$$Y_i = \beta_0 + \beta_1 Phase_i + e_i \qquad e_i \sim N(0, \sigma_e^2) \tag{10.1}$$

$Phase_i$ は 1 または 0 をとるダミー変数です.$Phase_i = 0$ はベースライン期を,$Phase_i = 1$ は処遇期を意味します.Y_i は測定時期 i における目的変数の観測値です.β_0 はベースライン期のレベルを,β_1 は処遇効果 (ベースライン期と処遇期のレベルの変化) を表します.e_i は測定時期 i における誤差,つまり,観測値 Y_i と予測値 $\hat{Y}_i$ のズレを表しています [*6)].

ベースライン期の予測式は,(10.1) 式に $Phase_i = 0$ を代入して,

$$\hat{Y}_i = \beta_0 \tag{10.2}$$

と表され,処遇期の予測式は,(10.1) 式に $Phase_i = 1$ を代入して,

$$\hat{Y}_i = \beta_0 + \beta_1 \tag{10.3}$$

と表されます.図 10.1 には e_6 が書かれており,予測式 $\hat{Y}_6$ と観測値 Y_6 の差異であること $(e_6 = \hat{Y}_6 - Y_6)$ が分かります.(10.1) 式はマルチレベルモデルではなく,図 10.1 の 1 人のデータを通常の回帰モデルで表現したものです.これを被験者間マルチベースラインデザインのように,複数の研究参加者に対するマルチレベルモデルに拡張することを考えます.

レベル 1:

$$Y_{ij} = \beta_{0j} + \beta_{1j} Phase_{ij} + e_{ij} \qquad e_{ij} \sim N(0, \sigma_e^2) \tag{10.4}$$

[*6)] (10.1) 式では,誤差項に正規分布を仮定しています.図 10.1 からベースライン期,処遇期ともに傾きがみられず,データの系列依存性を考慮する必要がないと判断しました.

レベル2：

$$\begin{cases} \beta_{0j} = \gamma_{00} + u_{0j} \\ \beta_{1j} = \gamma_{10} + u_{1j} \end{cases} \begin{bmatrix} u_{0j} \\ u_{1j} \end{bmatrix} \sim N(\mathbf{0}, \Sigma_u) \qquad (10.5)$$

(10.4) 式を (10.1) 式と比較すると，研究参加者 (Case) の違いを表す添え字 j が付け加えられています．レベル2の式 ((10.5) 式) から，ベースライン期のレベル β_{0j} と処遇効果 β_{1j} が研究参加者ごとに異なることを許容するモデルであることが分かります．研究参加者 j のベースライン期のレベル β_{0j} は，全体的なベースラインのパフォーマンス γ_{00} (固定効果) と研究参加者ごとのランダムなズレ u_{0j} (ランダム効果) の和で表現されます．同様に，研究参加者 j の処遇効果 β_{1j} は，全体的な処遇効果 γ_{10} と研究参加者ごとのランダムなズレ u_{1j} (ランダム効果) の和で表現されます．

(10.4) 式，(10.5) 式は，ベースライン期，処遇期ともに各期間内では目的変数の値の変動が安定していて，傾きを仮定しないシンプルなモデルです．ここに，各期において目的変数の上昇や下降といった傾きを許容するモデルへの拡張を考えてみましょう．測定時期を表す $Time_{ij}$ を用いて，以下のように式を立てることができます．

レベル1：

$$Y_{ij} = \beta_{0j} + \beta_{1j}Time_{ij} + \beta_{2j}Phase_{ij} + \beta_{3j}Phase_{ij} * Time'_{ij} + e_{ij} \qquad (10.6)$$
$$e_{ij} \sim N(0, \sigma_e^2)$$

レベル2：

$$\begin{cases} \beta_{0j} = \gamma_{00} + u_{0j} \\ \beta_{1j} = \gamma_{10} + u_{1j} \\ \beta_{2j} = \gamma_{20} + u_{2j} \\ \beta_{3j} = \gamma_{30} + u_{3j} \end{cases} \begin{bmatrix} u_{0j} \\ u_{1j} \\ u_{2j} \\ u_{3j} \end{bmatrix} \sim N(\mathbf{0}, \Sigma_u) \qquad (10.7)$$

ベースライン期の予測式は，(10.6) 式に $Phase_i = 0$ を代入して，

$$\hat{Y}_{ij} = \beta_{0j} + \beta_{1j}Time_{ij} \qquad (10.8)$$

と表され，処遇期の予測式は，(10.6) 式に $Phase_i = 1$ を代入して，

$$\hat{Y}_{ij} = \beta_{0j} + \beta_{1j}Time_{ij} + \beta_{2j} + \beta_{3j}Time'_{ij}$$
$$= (\beta_{0j} + \beta_{2j}) + \beta_{1j}Time_{ij} + \beta_{3j}Time'_{ij} \qquad (10.9)$$

と表されます. $Time'_{ij}$ は, 処遇期の最初の測定時期が 0 になるように $Time_{ij}$ に中心化を施したものです. 図10.4 をみてください. β_{0j} はベースライン期の最初の時点 ($Phase_i = 0$, $Time_{ij} = 0$) における研究参加者 j のベースライン期のレベル, β_{1j} は研究参加者 j のベースライン期の傾き ($Time_{ij}$ の値が 1 つ増えると, 目的変数の値がどれだけ変動するか) を示しています. β_{2j} は, 研究参加者 j について, 処遇期の最初の時点における目的変数のレベルの変化, つまり処遇の即時的な効果 (immediate effect of intervention) を表しています[*7]. β_{3j} は, 処遇期とベースライン期を比較したときの傾きの変化を表していて, 処遇期の傾きを β_{4j} とすると, $\beta_{3j} = \beta_{4j} - \beta_{1j}$ と傾きの差として表現できます. β_{0j} から β_{3j} は, 研究参加者ごとに様々な値を取ります. (10.7) 式のレベル 2 のモデルは, これらの係数が研究参加者全体の平均と, その平均からのズレの和で表現されることを示しています.

以上, ベースライン期と処遇期で目的変数の平均の変化 (shift in level) のみを仮定する最もシンプルなモデルと, ベースライン期と処遇期で目的変数の平均の変化に加えて, 各期での傾きの変化 (shift in slope) も仮定するモデルについて

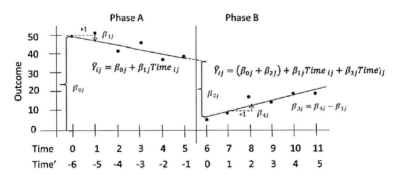

図 10.4 AB デザインのグラフと回帰係数の解釈 (Baek et al. (2014) より引用)

[*7] 10.1 節で, ベースライン期で複数の測定を行う必要があるのは, ベースライン期において目的変数の値が安定していることを示すためと述べました. しかし, 図 10.4 のようにベースライン期に傾きがみられる場合もあります. この場合, ベースライン期の状態をよく表現するために, 測定時期を表す $Time_{ij}$ を用いたモデルを用いることができます. こうした観点からは, ベースライン期や処遇期で複数回の測定を行うのは, 各期のデータに当てはめるモデルの特定を正確に行うためであると考えることもできます. 各期について正確なモデルの特定ができれば, そこから処遇の効果を明確に知ることができるようになります.

紹介しました．Baek et al. (2014) ではこれらのモデルに加えて，レベル 2 の式に予測変数を組み込むモデルや，研究参加者内及び研究参加者間で分散の異質性を仮定するモデル，誤差項に自己相関を仮定するモデル，3 レベルモデルへの拡張など，様々なモデルについて解説されています．

10.3.3 シングルケースデザインデータのマルチレベル分析の適用例

本項では，実際のシングルケース研究で得られたデータについて，2 レベルモデルのマルチレベル分析を行う例を紹介します．ここで適用例として紹介するのは，Baek et al. (2014) で用いられたものと同一です [*8]．なお，Manolov et al. (2016) は，本章で紹介する適用例について，データと R のスクリプトを公開しています．

図 10.5 は，行動間マルチベースラインデザイン (multiple-baseline design across behaviors) を用いたシングルケース研究のデータがグラフ化されたものです [*9]．研究対象者は 1 人だけです．その代わり，複数の行動を目的変数として測定しています．行動間マルチベースラインデザインは，1 人の研究参加者の複数の行動を目的変数とするマルチベースラインデザインです．この研究は，意味性認知症 (semantic dementia disorder) の患者を対象に，誤りなし学習 (errorless learning) の効果を検討するために実施されました．意味性認知症とは，神経変性障害 (neurodegenerative disorder) の一種で，認知の他の側面には障害がみられませんが，単語の意味の理解が損なわれている症状を指します．誤りなし学習とは，新しい情報を学習させるときに誤りを経験させないようにする手続きのことです．Jokel et al. (2010) は，コンピュータを活用した誤りなし学習の処遇の効果を検証するために実験を行いました．処遇では，コンピュータの画面に単語のイラスト (写真) が表示され，文字と音声によって単語が説明されます．その後，単語のイラストの下に単語の名前が表示されます．研究参加者は，イラストをみて，説明を聞いて，単語の名前が画面に表示されるのをみた後で，その単語を再生するように求められます．誤りを経験しないように，5 秒以内に 100%の確信で名前を答えられると思った単語のみに解答するように教示がなされました．実験のために 3 つの単語リストが用意され，リストの単語の名前を正確に回答できた割合が

[*8]　Baek et al. (2014) で紹介されている研究例は Jokel et al. (2010) です．
[*9]　このデザインの詳細については，前述の Kennedy (2005) や Richards et al. (2014) を参照してください．

10.3 シングルケースデザインデータへのマルチレベルモデルの適用　　185

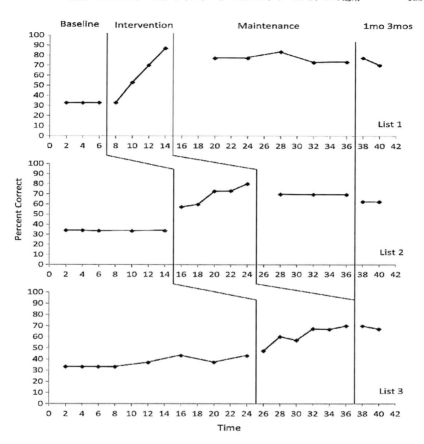

図 10.5　マルチベースラインデザインを用いた研究例 (Baek et al. (2014) より引用)

目的変数として測定されました[*10].

　各リストについての処遇を完了するために，研究参加者は 80% の正答率という基準に達すること (あるいは，12 セッションの処遇を受けること) を要求されました．各リストについての処遇は順番に実施されました．たとえば，1 番目のリストの基準に達すると (あるいは，12 回の処遇が完了すると)，1 番目のリストについての処遇は除去され，2 番目のリストの処遇が開始されます．各リストに

[*10]　研究の詳細については，Jokel et al. (2010) を参照してください．

ついて安定したベースライン[11] を得るのに，6 セッションの処遇が行われました．ベースライン期における単語の名前の正答率は平均33%でした．すべての単語リストについて処遇効果があり，処遇開始直後にその効果は出現し，1 カ月後 (1mo)，3 カ月後 (3mos) と処遇効果は持続しました．

図 10.5 のデータを用いて，2 レベルモデルのマルチレベル分析を行ってみましょう．ここでは，最初のベースライン (Baseline) 期と処遇 (Intervention) 期のデータのみを利用することにします．読み込むデータは，図 10.6 のようになっています[12]．

	Case	Session	Percent	Phase	Time	Time_cntr	PhaseTimecntr
1	1	2	32	0	1	-6	0
2	1	4	32	0	2	-5	0
3	1	6	32	0	3	-4	0
4	1	8	32	1	4	-3	-3
5	1	10	52	1	5	-2	-2
6	1	12	70	1	6	-1	-1
7	1	14	87	1	7	0	0
8	2	2	34	0	1	-10	0
9	2	4	34	0	2	-9	0
10	2	6	34	0	3	-8	0
11	2	8	NA	0	4	-7	0
12	2	10	33	0	5	-6	0
13	2	12	NA	0	6	-5	0
14	2	14	34	0	7	-4	0
15	2	16	57	1	8	-3	-3
16	2	18	59	1	9	-2	-2
17	2	20	72	1	10	-1	-1
18	2	22	73	1	11	0	0
19	2	24	80	1	12	1	1
20	3	2	33	0	1	-15	0
21	3	4	33	0	2	-14	0
22	3	6	33	0	3	-13	0
23	3	8	33	0	4	-12	0

図 **10.6** 適用例のデータの概要

---

[11] ベースライン期では処遇 (誤りなし学習) は導入されず，単語リストの名前をどれだけ理解しているか，その正答率が測定されます．

[12] 適用例のデータは，https://www.dropbox.com/s/2yla99epxqufnm7/Two-level%20data.txt?dl=0 からダウンロードすることができます．元のデータはテキストファイルですが，ここでは CSV 形式のファイルとして保存し，read.csv() でデータを読み込んでいます．

「Case」は単語リストの番号，「Session」はセッション番号，「Percent」は単語の名前の正答率，「Phase」はベースラインか処遇期かを示すダミー変数，「Time」は測定時期，「Time_cntr」は Time を中心化した変数，「PhaseTimecntr」は「Phase」と「Time_cntr」を掛け合わせたもの，すなわち交互作用項を表しています．

図 10.5 をみると，ベースライン期の目的変数の値は安定しており，傾きはみられません．処遇期では，レベルの変化と傾きの変化の両方を仮定することができそうです．List 1 は処遇期が一番短くて 4 回の測定時期があります．そして，処遇期直後では目的変数の値はすぐには変化せず，測定回数とともに目的変数の値が増加していることが分かります．そこで，それぞれの単語リストについて，処遇期の 4 番目のデータが 0 となるように中心化を行います．List 1 については，Time = 7 (これが処遇期の 4 番目のデータとなる) が 0 となるように，Time_cntr の値を求めています．同様に，List 2 については Time = 11 が 0 となるように，List 3 については Time = 16 が 0 となるように，それぞれ中心化を行います．List 2 と List 3 については，ベースライン期に欠測値 (NA) があることが図 10.6 から確認できます．レベル 1 とレベル 2 のモデルは以下のとおりです．添え字 i は測定時期を，添え字 j は研究参加者をそれぞれ指しています．

レベル 1 :
$$Y_{ij} = \beta_{0j} + \beta_{1j} Phase_{ij} + \beta_{2j} Phase_{ij} * Time'_{ij} + e_{ij} \qquad e_{ij} \sim N(\mathbf{0}, \Sigma_e) \tag{10.10}$$

レベル 2 :
$$\begin{cases} \beta_{0j} = \gamma_{00} + u_{0j} \\ \beta_{1j} = \gamma_{10} + u_{1j} \\ \beta_{2j} = \gamma_{20} + u_{2j} \end{cases} \begin{bmatrix} u_{0j} \\ u_{1j} \\ u_{2j} \end{bmatrix} \sim N(\mathbf{0}, \Sigma_u) \tag{10.11}$$

(10.10) 式で，誤差項 e_{ij} の分散 Σ_e に一次の自己相関構造を仮定します．これによって，シングルケースデザインデータの系列依存性を考慮することができます．(10.11) 式の誤差項は $\Sigma_u = \begin{bmatrix} \tau_{00} & \tau_{10} & \tau_{20} \\ \tau_{01} & \tau_{11} & \tau_{21} \\ \tau_{02} & \tau_{12} & \tau_{22} \end{bmatrix}$ とします．この 2 レベルのマルチレベル分析を R で実行します．nlme パッケージの lme() を用いることで，誤差分散に自己相関を仮定することができます．R のスクリプトは以下のとおりです．

_188_　　　10. シングルケースデザインデータのためのマルチレベル分析

```
install.packages("nlme")
library(nlme)
jokel <- read.csv("twolevel.csv")
Baek.Model <- lme(Percent~1+Phase+PhaseTimecntr,
        random=~Phase+PhaseTimecntr|Case,
        data=jokel,correlation=corAR1(form=~1|Case),
        control=list(opt="optim"),na.action="na.omit")
summary(Baek.Model)
```

まず，実践編の第 2 章で説明がなされますが，誤差分散に自己相関を仮
定する場合は correlation=corAR1() オプションを利用します．ここでは，
Percent~1+Phase+PhaseTimecntr のところで固定効果の指定を，random=~Phase
+PhaseTimecntr|Case のところでランダム効果の指定を行っています．ベース
ライン期と処遇期のレベルの変化 β_{1j} (Phase) と処遇期における傾き β_{2j} (Phase-
Timecntr) が，単語リスト (Case) ごとに変動することを認めるモデルです．
control=list(opt="optim") は，R によるモデル推定において，最適化の設
定を変更するためのオプションです．na.action="na.omit" では，欠測値処理
の方法を指定しています．欠測値 (NA) を除いて分析を行います．上記の R スク
リプトを実行すると下記のように出力されます．

```
> Baek.Model <- lme(Percent~1+Phase+PhaseTimecntr,
+                   random=~Phase+PhaseTimecntr|Case,
+                   data=jokel,correlation=corAR1(form=~1|Case),
+                   control=list(opt="optim"),na.action="na.omit")
> summary(Baek.Model)
Linear mixed-effects model fit by REML
 Data: jokel
       AIC       BIC      logLik
  184.7212  199.3755  -81.36061
Random effects:
 Formula: ~Phase+PhaseTimecntr|Case
 Structure: General positive-definite,Log-Cholesky parametrization
              StdDev     Corr
(Intercept)   2.252261   (Intr)  Phase
Phase         14.157828  -0.990
PhaseTimecntr 7.619202   -0.889  0.943
Residual      3.006376
Correlation Structure: AR(1)
```

10.3 シングルケースデザインデータへのマルチレベルモデルの適用 189

```
 Formula: ~1|Case
 Parameter estimate(s):
         Phi
-0.007762974
Fixed effects: Percent~1+Phase+PhaseTimecntr
                Value   Std.Error   DF   t-value   p-value
(Intercept)   34.11180   1.502409   26   22.704730   0.0000
Phase         40.92875   8.282951   26    4.941325   0.0000
PhaseTimecntr  9.38660   4.438395   26    2.114864   0.0442
 Correlation:
                (Intr)   Phase
Phase          -0.894
PhaseTimecntr  -0.766   0.934
Standardized Within-Group Residuals:
       Min           Q1           Med            Q3           Max
-1.316880705  -0.498584261   0.003370678   0.204192104   2.189829175
Number of Observations: 31
Number of Groups: 3
```

表 10.1 適用例についてのパラメータ推定値

パラメータ	推定値	標準誤差 SE
γ_{00}	34.11	1.50
γ_{10}	40.93	8.28
γ_{20}	9.39	4.44
τ_{00}	5.07	
τ_{11}	200.44	
τ_{22}	58.05	

R の出力を整理すると，表 10.1 のようになります [13]．表 10.1 より，ベースライン期の切片 γ_{00} の推定値は 34.11 です．これは，ベースライン期における平均的な正答率が 34.11% であることを示しています．処遇の効果 γ_{10} の推定値は 40.93 です．単語の名前の正答率は，平均的に，処遇期の 4 番目の観測値までに

---

[13] 表 10.1 の推定値は，Baek et al. (2014) の TABLE 1 と一致していません．これは，Baek et al. (2014) が SAS の PROC MIXED を利用して分析を行っていることと，Baek et al. (2014) とデータの引用元である Manolov et al. (2016) とで適用例の原著論文からのデータ抽出方法が異なるため，といった理由が考えられます．また分散成分については，出力中の標準偏差 (StdDev) の値を二乗して計算しました．

約 41%上昇することを意味します．つまり，処遇期の 4 番目の測定時期における単語の正答率の平均は 75.04% (34.11+40.93) となります．傾きの変化 γ_{20} の推定値は 9.39 です．ベースライン期に比べると，処遇期では平均的に単語の名前の正答率の変化は大きいことが分かります．分散成分については，ベースライン期の切片の分散 τ_{00} は値が小さく，それに比較して，処遇の効果の分散 τ_{11} と傾きの変化の分散 τ_{22} は大きな値を示していることが分かりました．

10.3.4　シングルケースデザインデータのマルチレベル分析についての課題

本章では，Baek et al. (2014) を参考に，シングルケースデザインデータにマルチレベルモデルを適用する方法について解説を行いました．マルチレベル分析は，シングルケースデザインデータの分析方法として有効な方法と考えられます．一方で，この方法の限界や課題もまた存在します．最も考慮すべき課題は，標本サイズの問題でしょう．マルチレベルモデルでは，一般的に大きな標本サイズを必要とします．2 レベルのマルチレベルモデルでは，上位のユニット数として少なくとも 30 は必要であるという研究もあります (たとえば Mass & Hox (2005) など)．しかし，シングルケース研究では，標本サイズは小さいことが一般的であり，このことが推定値の安定性や検定力など様々な問題の原因となります．シングルケースデザインデータのマルチレベル分析について，いくつかのシミュレーション研究が行われています (たとえば，Owens & Ferron (2012) や Moeyaert et al. (2014) など)．こうしたシミュレーション研究の結果，固定効果のパラメータ推定値は頑健ですが，分散成分の推定値はバイアスを受けることが明らかになっています．シミュレーション研究による方法論に関する検討や，実データへの適用など，シングルケースデザインデータのマルチレベル分析については，今後さらなる研究の発展が期待されています．

文　　　献

1) Baek, E. K., Moeyaert, M., Petit-Bois, M., Beretvas, S. N., Van Den Noortgate, W., & Ferron, J. M. (2014). The use of multilevel analysis for integrating single-case experimental design results within a study and across studies. *Neuropsychological Rehabilitation*, **24**, pp.3–4. doi:10.1080/09602011.2013.835740.

2) DeProspero, A. & Cohen, S. (1979). Inconsistent visual analyses of intrasubject data. *Journal of Applied Behavior Analysis*, **12**, pp.573–579.

3) Heyvaert, M. & Onghena, P. (2014). Randomization tests for single-case experi-

ments: State of the art, state of the science, and state of the application. *Journal of Contextual Behavioral Science*, **3**, pp.51–64.

4) Jokel, R., Rochon, E. & Anderson, N. D. (2010). Errorless learning of computer-generated words in a patient with semantic dementia. *Neuropsychological Rehabilitation*, **20**, 16–41.

5) Kazdin, A. E. (2011). S*ingle-case Research Design: Methods for Clinical and Applied Settings* (2nd ed.). Oxford University Press.

6) Kennedy, C. H. (2005). *Single-case Designs for Educational Research*. Pearson/Allyn and Bacon.

7) Kratochwill, T. R. & Levin, J. R. (Eds.) (2014). *Single-case Intervention Research: Methodological and Statistical Advances*. American Psychological Association.

8) Manolov, R., Moeyaert, M., & Evans, J. J. (2016). *Single-case Analysis: Software Resources for Applied Researchers*. (https://www.academia.edu/6914845/ Singlecase_data_analysis_Software_resources_for_applied_researchers)

9) Mass, C. J. M. & Hox, J. J. (2005). Sufficient sample sizes for multilevel modeling. *Methodology*, **1**, pp.86–92.

10) Moeyaert, M., Ferron, J. M., Beretvas, S. N., & Van den Noortgate, W. (2014). From a single-level analysis to a multilevel analysis of single-case experimental designs. *Journal of School Psychology*, **52** (2), pp.191–211. doi:10.1016/j.jsp.2013.11.003.

11) Owens, C. M. & Ferron, J. M. (2012). Synthesizing single-case studies: A Monte Carlo examination of a three-level meta-analytic model. *Behavior Research Methods*, **44**, pp.795–805.

12) Parker, R. I., Hagan-Burke, S., & Vannest, K. (2007). Percentage of all non-overlapping data PAND: An alternative to PND. *Journal of Special Education*, **40**, pp.194–204.

13) Parker, R. I. & Vannest, K. (2009). An improved effect size for single-case research: Nonoverlap of all pairs. *Behavior Therapy*, **40**, pp.357–67.

14) Parker, R. I., Vannest, K. J., & Davis, J. L. (2011). Effect size in single-case research: A review of nine non overlap techniques. *Behavior Modification*, **35**, pp.303–322.

15) Parker, R. I., Vannest, K. J., Davis, J. L., & Sauber, S. B. (2011). Combining nonoverlap and trend for single-case research: Tau-U. *Behavior Therapy*, **42**, pp.284–299.

16) Pustejovsky, J. E. & Ferron, J. M. (2017). Research synthesis and meta-analysis of single-case designs. Kauffman. In J. M., Hallahan, D. P., & Pullen, P. C. (Eds.). *Handbook of special education* (2nd ed.) (pp.168–186). Routledge.

17) Richards, S. B., Taylor, R. L., & Ramasamy, R. (2014). *Single-subject Research: Applications in Educational and Clinical Settings*. Wadsworth.

18) Scruggs, T. E., Mastropieri, M. A., & Casto, G. (1987). The quantitative synthesis of single-subject research. *Remedial and Special Education*, **8**, pp.24–43.

19) Van den Noortgate, W. & Onghena, P. (2008). A multilevel meta-analysis of single-subject experimental design studies. *Evidence Based Communication Assessment and Intervention*, **2**, pp.142–151.

20) 山田剛史 (1998). 単一事例実験データの分析方法としてのランダマイゼーション検定. 行

動分析学研究, **13**, pp.44–58.

21) 山田剛史 (2015). シングルケースデザインの統計分析. 行動分析学研究, **29** (別冊), pp.219–232.

22) 山田剛史 (印刷中).「実験計画法 (個体内条件比較法) その 1 そのロジックとデザイン・定常状態」「統計的検定法 グループデザイン・シングルケースデザイン」. 日本行動分析学会 (編) 行動分析学事典, 丸善出版.

索　引

■　■　■

欧　文

χ^2 検定　100
χ^2 検定統計量　100
ρ_{cond} (conditional intraclass correlation coefficient)　67, 104, 106

AB デザイン　175
adjusted mean　65
AIC (Akaike information criterion)　101, 106, 119, 144, 157
ANCOVA (analysis of covariance)　62
ANOVA (analysis of variance)　56
ANOVA モデル　56, 58, 77, 99, 170

BIC (Bayesian information criterion)　101, 106, 119, 157

centering　36
CGM (centering at the grand mean)　36, 39, 69, 78, 109, 127, 159, 171
cross-level interaction effect　92
CWC (centering within cluster)　36, 37, 69, 78, 87, 92, 109, 127, 154, 159

deviance　100

fixed effect　57
fixed slope　64

heteroscedasticity　87

ICC (intraclass correlation coefficient)　32

likelihood　99
likelihood ratio test　99
log-likelihood　100

maximum likelihood method　100
means-as-outcome regression model　73

PVE_1 (proportion of variance explained at level1)　67, 70, 104, 106
PVE_2 (proportion of variance explained at level2)　74, 90, 95, 104, 106

RANCOVA (ANCOVA with random effects)　66
RANCOVA モデル　66, 78, 99, 145
random effect　57
random item effect　141
random parameter　57
REML (restricted maximum likelihood estimation method)　59

single-case research design　175

visual inspection　178

Wald 検定　61

ア　行

赤池情報量規準　101

1 次抽出単位　10
一次の自己相関構造　187
一事例実験　175

一事例実験計画　175
逸脱度　100
因子分析　139

エフェクトコーディング　126

オッカムの剃刀　158

カ　行

回帰係数　154
回帰モデル　181
階層構造　9
階層性　3, 15, 26, 43, 169
階層的データ　149
確率変数　81
過剰適合　158
傾きのランダム効果の分散　84
観測値の独立性　30, 31, 44
観測値の分散　22

95％信頼区間　34
級内相関係数　30, 32, 35, 42, 43, 46, 48, 49, 55, 56, 58, 62, 77, 84, 105, 153, 170
共分散行列　83
共分散分析　56, 62, 78, 118
共変量　62, 70

クロス　140
クロスレベル交互作用分析　155
クロスレベルの交互作用効果　23, 81, 92, 94, 106, 107, 119, 125

系列依存性　178
欠測値　188
決定係数　155, 157
検定力　190

効果量　36, 48, 178
交互作用　93, 97, 107
交互作用項　73, 154

交互作用効果　4
　　クロスレベルの――　96
構造方程式モデリング　13
行動間マルチベースラインデザイン　184
誤差　93
誤差項　18, 30
誤差分散　67, 70, 97, 146, 187
個人レベル効果　68, 69, 75, 78, 93, 115, 116, 120
　　――の推定　56
個体内条件比較法　175
固定因子　12
固定傾き　64, 68, 76, 83
固定効果　57, 64, 93, 94, 97, 107, 116, 118, 119, 126, 127, 142, 146, 182
固定要因　56, 64
コモンメソッドバイアス　153

サ　行

最尤法　59, 100

視覚的判断　178
自己相関関数　44
自己相関係数　44
自己相関を仮定するモデル　184
実験群　177
実験計画　177
実験参加者間要因　138
実験参加者内要因　138
重回帰分析　76, 121
重回帰モデル　154
集団間の傾き　43, 118
集団間の差　41, 44
集団間の違い　20
集団・個人レベル効果推定モデル　56, 75, 78, 84, 85, 99
縦断データ　7, 8, 25, 175
集団内の傾き　43, 118
集団内の個人差　26, 28, 40, 41, 44
集団平均　21, 27, 28, 123, 170
　　――の信頼性　20–22, 27, 31, 43, 49, 172
　　――の分散　20

集団平均中心化　36, 44, 69, 78, 109, 127,
　　154, 159
集団レベル効果　68, 73, 75, 78, 93, 115
　　──の推定　56
自由度　100
主効果　76
条件つき級内相関係数　67, 104
情報量規準　98, 101, 144
処遇期　175
処遇の即時的な効果　183
シングルケース研究法　175
シングルケースデザイン　175
シングルケースデザインデータ　176
真の値の分散　22
信頼区間　32, 44, 46, 61, 89, 97
信頼水準　33
信頼性　21, 28

正規性　178
正規分布　18
制限つき最尤推定法　59
制限つき最尤法　102
生態学的誤謬　27
切片　54, 64
　　──のランダム効果の分散　84
切片・傾きに関する回帰モデル　81, 91, 99,
　　106
切片・傾きのランダム効果間の共分散　84
全体切片　107
全体平均　34, 63, 65, 67, 143
全体平均中心化　36, 39, 44, 69, 78, 109,
　　127, 159, 171
全平均　18, 20

タ　行

第一種の過誤　26, 141
第 3 変数　81
対数尤度　100
多重共線性　73, 119
多変量正規分布　83
多母集団分析　13
ダミーコーディング　126

ダミー変数　143, 155, 156, 181
単回帰分析　15
単純無作為抽出　62
単純無作為抽出法　18, 34

中心化　36, 44, 109, 143, 155, 171
中断時系列分析　178
調整済み平均　65, 78
調整平均　69, 117
　　──の分散　118, 127
　　──の平均　118, 127

デザイン効果　34, 43, 55, 56, 62, 77
テスト理論　21

統制群　177
統制変数　143, 151
独立　18, 26, 31, 43, 153, 178
独立性　55, 56, 178

ナ　行

2 次抽出単位　10
2 段抽出　34
2 段抽出法　10, 18, 30
2 値　125
2 変量正規分布　83

ネスト　10, 98, 140, 144, 180

ハ　行

バイアス　48
反復測定　177

標準誤差　24, 28, 32, 34, 60
標本平均　65
　　──の分散　21

不均一分散性　84
不偏推定量　20, 21
分散説明率　67, 70, 104, 155
分散不均一性　87, 92, 105

分散分析　19, 140, 178
　——の 1 要因変量モデル　34
文脈効果　123

ペアデータ　6
平均に関する回帰モデル　56, 73, 78, 99
ベイズ情報量規準　101
ベースライン期　175
偏回帰係数　76, 121
偏相関係数　93, 95
変量因子　12
変量項目効果　141
変量要因　56, 64

母平均　17, 21, 30, 42, 118

マ　行

無作為　10
無相関　76, 121, 123

メタ分析　179

ヤ　行

尤度　99
尤度比検定　98, 99, 106

ラ　行

ランダマイゼーション検定　178

ランダム傾き　83, 118, 127, 145
　——の分散　93, 95, 97, 116, 146
ランダム傾きモデル　80
ランダム効果　57, 66, 83, 93, 97, 107, 142,
　182
　——の共分散分析モデル　55, 145
　——の分散分析モデル　34, 55, 56, 143
ランダム効果・分散分析モデル　170
ランダム効果を伴う共分散分析モデル　62
ランダム切片　57, 59, 74, 115, 117, 126,
　127, 142, 145
　——と傾きの共分散　93
　——の分散　72, 74, 93, 95, 116, 118,
　126, 127, 146
ランダム切片・傾きモデル　81, 82, 84, 86,
　99, 105, 128, 145, 156
ランダム切片モデル　54, 80, 156
　——の分散　86
ランダムパラメータ　57, 93

レベル 1
　——の説明変数の中心化　36
　——の分散説明率　67, 104
　——の変数　11
　——のモデル　11
レベル 2
　——の説明変数の中心化　118
　——の分散説明率　74, 104
　——の変数　11
　——のモデル　11

編著者略歴

尾崎 幸謙 (おざき・こうけん)

1977 年　愛知県に生まれる
2006 年　早稲田大学大学院文学研究科
　　　　博士後期課程修了
現　在　筑波大学ビジネスサイエンス
　　　　系准教授
　　　　博士（文学）

川端 一光 (かわはし・いっこう)

1977 年　岐阜県に生まれる
2008 年　早稲田大学大学院文学研究科
　　　　博士後期課程単位取得退学
現　在　明治学院大学心理学部准教授
　　　　博士（文学）

山田 剛史 (やまだ・つよし)

1970 年　東京都に生まれる
2001 年　東京大学大学院教育学研究科
　　　　博士後期課程単位取得退学
現　在　岡山大学大学院教育学研究科
　　　　教授
　　　　修士（教育学）

R で学ぶマルチレベルモデル［入門編］
―基本モデルの考え方と分析―　　　　定価はカバーに表示

2018 年 9 月 10 日　初版第 1 刷
2024 年 3 月 25 日　　　第 5 刷

編著者　尾　崎　幸　謙
　　　　川　端　一　光
　　　　山　田　剛　史
発行者　朝　倉　誠　造
発行所　株式会社　朝　倉　書　店
　　　　東京都新宿区新小川町 6-29
　　　　郵 便 番 号　162-8707
　　　　電　話　03（3260）0141
　　　　F A X　03（3260）0180
　　　　https://www.asakura.co.jp

〈検印省略〉

© 2018 〈無断複写・転載を禁ず〉　　印刷・製本　デジタルパブリッシングサービス

ISBN 978-4-254-12236-7　C 3041　　　　Printed in Japan

JCOPY ＜出版者著作権管理機構 委託出版物＞

本書の無断複写は著作権法上での例外を除き禁じられています．複写される場合は，
そのつど事前に，出版者著作権管理機構（電話 03-5244-5088，FAX 03-5244-5089，
e-mail: info@jcopy.or.jp）の許諾を得てください．

好評の事典・辞典・ハンドブック

数学オリンピック事典 野口　廣 監修
B5判 864頁

コンピュータ代数ハンドブック 山本　慎ほか 訳
A5判 1040頁

和算の事典 山司勝則ほか 編
A5判 544頁

朝倉 数学ハンドブック ［基礎編］ 飯高　茂ほか 編
A5判 816頁

数学定数事典 一松　信 監訳
A5判 608頁

素数全書 和田秀男 監訳
A5判 640頁

数論<未解決問題>の事典 金光　滋 訳
A5判 448頁

数理統計学ハンドブック 豊田秀樹 監訳
A5判 784頁

統計データ科学事典 杉山高一ほか 編
B5判 788頁

統計分布ハンドブック （増補版） 蓑谷千凰彦 著
A5判 864頁

複雑系の事典 複雑系の事典編集委員会 編
A5判 448頁

医学統計学ハンドブック 宮原英夫ほか 編
A5判 720頁

応用数理計画ハンドブック 久保幹雄ほか 編
A5判 1376頁

医学統計学の事典 丹後俊郎ほか 編
A5判 472頁

現代物理数学ハンドブック 新井朝雄 著
A5判 736頁

図説ウェーブレット変換ハンドブック 新　誠一ほか 監訳
A5判 408頁

生産管理の事典 圓川隆夫ほか 編
B5判 752頁

サプライ・チェイン最適化ハンドブック 久保幹雄 著
B5判 520頁

計量経済学ハンドブック 蓑谷千凰彦ほか 編
A5判 1048頁

金融工学事典 木島正明ほか 編
A5判 1028頁

応用計量経済学ハンドブック 蓑谷千凰彦ほか 編
A5判 672頁

価格・概要等は小社ホームページをご覧ください.